猪病诊断与防治原色图谱

张保平　石永杰　张　燕　主编

中原农民出版社

·郑州·

图书在版编目（CIP）数据

猪病诊断与防治原色图谱 / 张保平，石永杰，张燕
主编. — 郑州：中原农民出版社，2023.9
ISBN 978-7-5542-2813-5

Ⅰ.①猪... Ⅱ.①张… ②石… ③张… Ⅲ.①猪病-
诊断-图谱②猪病-防治-图谱 Ⅳ.①S858.28-64

中国国家版本馆CIP数据核字(2023)第179741号

猪病诊断与防治原色图谱
ZHUBING ZHENDUAN YU FANGZHI YUANSE TUPU

出 版 人：刘宏伟
选题策划：柴延红
责任编辑：王艳红
责任校对：侯智颖
美术编辑：杨　柳
特约设计：王　燕
　　　　　郭勇藓

出版发行：中原农民出版社
　　　　　地址：郑州市郑东新区祥盛街 27 号　　邮编：450016
　　　　　电话：0371-65788199
经　　销：全国新华书店
印　　刷：河南瑞之光印刷股份有限公司
开　　本：787 mm×1092 mm　　1/16
印　　张：14.5
字　　数：410千字
版　　次：2023 年9月第1版
印　　次：2023 年9月第1次印刷
定　　价：69.00 元

如发现印装质量问题，影响阅读，请与印刷公司联系调换。

编委会

编委会人员简介

张保平　河南省安阳市动物疫病预防控制中心，高级兽医师。

石永杰　河南省安阳市动物卫生监督所，高级畜牧师。

张　燕　河南省安阳市动物疫病预防控制中心，高级兽医师。

王须亮　河南省安阳市动物卫生监督所，兽医师。

李换祥　河南省宜阳县动物卫生监督所，兽医师。

邢艳艳　河南省汤阴县畜牧兽医总站，高级兽医师。

王喜庆　河南省汤阴县畜牧兽医总站，兽医师。

李俊燕　河南省安阳市动物疫病预防控制中心，兽医师。

李　宁　河南省安阳市动物疫病预防控制中心，兽医师。

张婵婵　河南省汤阴县畜牧兽医总站，畜牧师。

刘红玉　河南省开封市农业综合行政执法支队（开封市动物卫生监督所），
　　　　兽医师。

赵智灿　河南省新乡市动物检疫站，兽医师。

刘华园　河南省南阳市卧龙区动物卫生监督所，兽医师。

李　强　河南省新乡市动物检疫站，兽医师。

吴靖章　河南省嵩县动物疫病预防控制中心，高级兽医师。

郭　巍　河南省安阳市北关区农业农村局，兽医师。

程　遥　河南省郑州市动物疫病预防控制中心，兽医师。

宋思维　河南省安阳市动物卫生监督所，助理兽医师。

前 言

我国生猪生产供应关乎国民经济发展，对百姓生活影响深远。养猪业的瓶颈已经不是品种、饲料和市场，而是各种疫病所带来的严重威胁。传统疾病的非典型化、免疫系统被攻击、呼吸系统综合征日益突出，新发猪病往往呈急性暴发，造成猪只大量死亡，严重影响生猪生产安全。因此，养猪从业人员应特别重视猪病防治。

本书编者系不同层级的畜牧兽医专业技术人员，长期奋战在生产和动物疫病防控第一线，经历过多次疫病流行过程，亲身参与生猪流行病诊断与治疗工作。他们在实践中，收集整理典型临床与病理解剖照片，汇集了自己的实践经验和最新防控知识，参阅大量参考文献，编写了本书。

本书紧扣生产实际，系统性、科学性和实用性兼具，内容丰富，知识全面，重点突出，通俗易懂，图文并茂，直观明了，有较高的实用价值。因图片较多，图片紧随相关文字内容安排，未在文中一一指示。本书可以作为各级动物疫病防控工作者以及动物医学专业师生、新型职业农民及农村实用人才的培训教材和广大畜牧科技工作者的参考工具书使用。希望本书对普及动物疫病防控有关专业知识，提高相关从业人员防控意识和水平，促进我国规模养猪业的健康发展有所贡献。

由于编者水平有限，书中难免有不妥之处，恳请广大读者提出宝贵意见。

编 者

2023 年 3 月

目　录

第三篇　寄生虫性疾病诊断与防治

第四篇　产科、外科及内科疾病诊断与防治

第五篇　混合感染性疾病诊断与防控

第一篇　猪病防控概述

第一章 猪病概述

随着我国养猪业的快速发展，外来品种不断引进，生猪流通越加频繁。饲养方式的改变，也给我国养猪业带来了不可回避的诸多问题，使猪病的流行更加广泛。多种疾病在同一个猪场同时存在的现象十分普遍，混合感染十分严重，一些猪病甚至出现了非典型型和温和型。这一切都给猪病防控提出了新的挑战，尤其是很多猪病在临床上有很多症状相似，给现场诊断带来很大困难。由于目前我国猪场中疾病诊断水平仍然十分落后，尤其缺乏实验室诊断手段，不能及时、准确地进行疾病的诊断。而迅速诊断又是控制疾病的前提，尤其对于一些传染性疾病来讲，只有早诊断，早控制，才能使损失降到最低。纵观养猪全过程，疾病风险影响巨大。20世纪90年代以来，很多猪场发生和流行的猪病大致有猪气喘病、猪弓形体病、猪细小病毒病、仔猪黄白痢、猪传染性胃肠炎、猪流行性腹泻、猪附红细胞体病、猪链球菌病、猪圆环病毒病、高致病性猪蓝耳病、猪伪狂犬病、非洲猪瘟等传染病。2006年的高致病性猪蓝耳病疫情，引起了我国第一次生猪高于20元／千克的行情，2018年的非洲猪瘟疫情，直接刷新生猪36元／千克的行情，而且影响至今还在持续。猪病的防控是一项系统的工程，所采取的措施必须是战略性的、综合性的，绝不是一招一式即可生效，更不可能立竿见影。因此在加强饲养管理的同时认真做好非洲猪瘟、猪瘟、猪口蹄疫、猪伪狂犬病、猪圆环病毒病等的防控工作至关重要。减少猪病发生的关键是给猪一个适宜生存的环境，使猪能健康生长，将"预防为主，防重于治"提升到"预防为主，预防与控制、净化、消灭相结合"的高度。

第一节 猪病分类

在养猪过程中，猪可能发生的疾病有很多种，根据性质，这些疾病在临床上主要分为传染性疾病、寄生虫性疾病、内科疾病、中毒、营养代谢性疾病、外科疾病、产科疾病等。

一、传染性疾病

传染性疾病，简称传染，是由特异性病原微生物（如细菌、病毒、支原体、衣原体、立克次体等）侵入动物机体，病原微生物在动物机体内产生大量的生物毒素或致病因子，破坏或损坏机体所引起的具有特征性状的疾病。其基本特征有以下几个方面：

（一）有病原体

每种传染病都有其特异的病原体，包括病毒、立克次体、细菌、真菌、螺旋体、原虫等。

（二）具传染性

病原体从宿主排出体外，通过一定方式，到达新的易感染者体内，呈现出一定传染性，其传染强度与病原体种类、数量、毒力、易感者的免疫状态等有关。

（三）呈流行性、地方性和季节性

1. 流行性：按传染病流行过程的病原体强度和广度分为散发、流行和暴发。

2. 地方性：是指一些传染病或寄生虫病，其中间宿主，受地理条件、气温条件变化的影响，常局限于一定的地理区域范围内发生，如虫媒传染病、自然疫源性疾病。

3. 季节性：指传染病的发病率在年度内有季节性升高，疾病与温度、湿度的改变有关。

（四）产生免疫性

患病猪对病原体均可产生特异性的免疫应答，表现为血清中特异性抗体滴度的升高；病愈猪大多能获得特异性免疫保护，在一定时期内或终生不再感染该种传染病。大多能通过接种疫苗的方法来预防该病的发生和流行。一些烈性传染病传播迅速，流行广泛，病死率高，人畜共患，不仅给养猪业造成重大的经济损失，同时也危害人类健康和安全，如口蹄疫、猪链球菌病、炭疽病等。

二、寄生虫性疾病

寄生虫性疾病，也称寄生虫病，是由寄生虫（昆虫、蠕虫、原虫等）寄生于猪的体表或体内所引起的疾病。危害主要表现在虫体与猪争夺营养，造成猪器官、组织的机械性损伤，虫体分泌的毒素和代谢产物对猪产生毒害作用，导致猪消瘦、贫血、营养不良，进而引起生产能力的下降，严重时可引起猪的死亡，造成重大经济损失。猪的寄生虫种类很多，一些寄生虫性疾病所造成的经济损失不亚于传染病，对养猪业构成严重威胁。同时，有些寄生虫性疾病还是人畜共患病，同样威胁人类的健康和安全，如肝片吸虫、棘球蚴病、住肉孢子虫病等。

三、内科疾病

内科疾病，常称内科病，是指家畜的非传染性内部器官疾病，包括消化系统、呼吸系统、心血管系统和泌尿生殖系统疾病等。猪内科疾病的发病原因与饲养、管理和内外环境因素的变化有密切关系，其中以饲料和饲养条件因素最重要。消化紊乱和异常，如猪的胃积食等，都与饲料质量不良及饲养方法不当直接相关。环境气候变化及空气尘土污染常是呼吸系统疾病的诱发因素。泌尿生殖系统疾病则多与猪的尿路感染及有毒物质中毒有关，如猪的膀胱炎、尿道感染、尿结石等。在我国，猪内科疾病以消化系统的发病率最高。

四、中毒

随着我国牧业生产向集约化和产业化发展，中毒已成为危害动物健康的主要疾病之一，给养猪业造成的经济损失最大，并且直接影响动物源性食品的质量和安全。近年来，由于工业和农药污染程度日益加剧，饲料添加剂的滥用，导致自然环境和生态平衡的破坏，家畜中毒发生率增高，家畜体内普遍存留残毒。

五、营养代谢性疾病

营养代谢性疾病是代谢障碍病和营养缺乏病的总称，也称营养代谢病。代谢障碍病多与生产管理有关，特别是对妊娠母猪的危害较大，常见有低血钙症、低血镁症、低血糖症等。营养缺乏病主要指日粮中碳水化合物、蛋白质、脂肪、维生素、矿物质等缺乏或比例失调引起的疾病。生产中的代谢障碍病和营养缺乏病关系密切，它们之间没有明显的差异，一般认为，营养缺乏是长期饮食习惯引起的，只有通过补充日粮才能改善；代谢障碍病往往是急性状态，动物对补充所需要的营养物质反应明显。由集约化饲养管理和工厂化生产程序带来的亚临床营养代谢疾病发病率增高。这些疾病在临床上见不到明显症状，但能严重影响家畜的正常生长发育和生殖能力，降低畜产品的数量和质量，同时增加饲料的消耗量，使畜牧生产招致的经济损失远远超过临床病例。

六、外科疾病

外科疾病不仅仅限于动物体表的疾病和外伤，而且还包括一般以需要手术为主要疗法的体内疾病。按病因分类：①损伤。如骨折、内脏破裂、烧伤。②感染。如脓肿、风湿、疥螨。③眼病。如结膜炎、角膜炎、眼睑腺增生（樱桃眼）。④肿瘤。⑤畸形。如唇裂、腭裂、肛管直肠闭锁。⑥其他性质的疾病。如肠梗阻、尿路梗阻、结石、甲状腺功能亢进。

七、产科疾病

猪产科疾病主要是指发生在妊娠、分娩或产后时期的生殖系统疾病，还包括公母猪的不孕不育症、新生仔猪疾病。有时母猪流产、子宫内膜炎、生产瘫痪等产科疾病也是造成母猪淘汰，甚至死亡的重要疾病，使养猪业蒙受重大损失。此外，产科疾病的发生与其他疾病的发生也有着紧密联系，如猪繁殖与呼吸综合征（蓝耳病）、猪伪狂犬病、猪细小病毒病、乙型脑炎、猪瘟、非洲猪瘟、猪弓形体病、布鲁氏菌病等是造成种猪不育、母猪流产的重要因素。

第二节　易发疾病

一、传染性疾病

主要有非洲猪瘟、猪瘟、口蹄疫、猪繁殖与呼吸综合征、猪伪狂犬病、猪细小病毒病、猪乙型脑炎、猪传染性胃肠炎、放线杆菌病、大肠杆菌病、巴氏杆菌病、肉毒梭菌中毒症、沙门菌病、败血性链球菌病、衣原体病、支原体性肺炎。

二、寄生虫性疾病

主要有弓形体病、附红细胞体病、球虫病、肝片吸虫病、细颈囊尾蚴病、囊尾蚴病、绦虫病、消化道线虫病、肺线虫病、疥螨病、痒螨病、蠕形螨病。

三、内科疾病

主要有口炎、食管阻塞、胃积食、便秘、急性肠鼓胀、心包炎、肠套叠、胃肠炎、支气管炎、心力衰竭、贫血、尿石症、脑膜脑炎、日射病及热射病、湿疹等。

四、中毒

主要有亚硝酸盐中毒，氯氰酸中毒，食盐中毒，棉籽饼中毒，霉饲料、霉玉米中毒，砷及砷化物中毒，有机磷农药中毒。

五、营养代谢性疾病

主要有维生素 A 缺乏症，维生素 B 缺乏症，硒和维生素 E 缺乏症，营养不良，锌缺乏症，佝偻病及软骨病，异食癖，仔猪低血糖症等。

六、外科疾病

主要有创伤、挫伤，休克，血肿，淋巴外渗，脓肿，蜂窝织炎，眼结膜炎、角膜炎，脐疝，腹股沟阴囊疝，直肠脱，骨折，关节扭伤、关节创伤，肉芽创，风湿病等。

七、产科疾病

主要有流产、难产，阴道脱，胎衣不下，子宫内翻及脱出，生产瘫痪，乳腺炎，子宫炎，泌乳不足及无乳。新生仔猪窒息，弱仔，胎衣滞留，新生仔猪先天性肛门及直肠闭锁等。

第二章 当前规模化猪场疫病流行的特点

第一节 当前规模化猪场疫病流行的特点与发展趋势

一、集约化养猪的特点

我国集约化养猪已有相当数量和一定的规模，这也是养猪发展的方向，特点是：规模大，猪的数量多，饲养密度高，猪活动范围小，环境应激因素多；猪群的周转快，不断补充新猪源，与市场交往频繁；生产工艺先进，有较完整的一套养猪技术，包括优良品种、全价配合饲料、科学饲养管理、配套的建筑和设备等，其中建立现代的兽医防疫体系、疾病防治体系，防止猪疾病的发生十分重要。正如大家所知道的，集约化养猪规模大，数量多，饲养密度高，也就为一些传染病的发生、传播和流行创造了有利条件，一旦有疫病传入和发生，很快就可能在猪群中传播，造成很大的经济损失。我国养猪业由传统的千家万户分散饲养转变为集约化养猪的这一饲养方式的变革，尤其是2018年我国发生非洲猪瘟疫情以来，加速了集约化、规模化、现代化、专业化养猪大型、特大型企业的发展，给养猪管理者、养猪生产者和防疫工作者提出了新的要求，也是一个值得不断探索的新课题。

二、当前规模化猪场疫病流行的特点与发展趋势

（一）传染性疾病仍然是最主要的威胁

在集约化猪场"高密度"的饲养方式下，一旦疫病侵入，就会很快波及全群，引起暴发流行。实际观察表明，传染性疾病仍占猪疫病的70%。

（二）多病原混合感染呈现明显持续增多

猪场疫病的发生常以多病原混合感染的形式存在，零星发病和单纯病例已很少见。

（三）部分疫病发生的不典型性

一些传染性病原在流行的过程中发生变异，有的毒力减弱，加上猪群中免疫水平不高或不一致，导致一些疾病在流行过程中，症状和病理非典型化，如非典型猪瘟的出现。

（四）新的传染性疾病渐增且发病机制越来越复杂

由于从国外大量引进种猪，猪病的发生也被迫与国际接轨了，如蓝耳病、猪圆环病毒感染引起相关疾病大面积流行。

（五）耐药性菌株增加

有些猪场因长期不适当地使用抗菌药物及含抗菌药的添加剂，使许多细菌性疾病药物治疗效果越来越差，可选择的药物品种越来越少。

（六）传染性疫病感染宿主群日渐扩大

许多医学杂志报道，猪伪狂犬病、猪流感及Ⅱ型猪链球菌病流行可以从动物传染给

人。人畜共患的传染病越来越引起医学界的重视。

（七）细菌病和寄生虫病的危害加重

因环境问题及消毒措施不力，有些猪场污染严重，导致细菌性疾病和寄生虫病明显增多，如支原体和猪球虫病、猪附红细胞体病的普遍存在。

（八）猪的肢蹄病及生殖性疾病也在上升

大型猪场均采用限位饲养，饲养条件的改变也使一般少发的常规疾病在上升，造成猪的淘汰率超出正常范围。

（九）疫病的跨地区传播速度也越来越快

由于种猪的频繁交流及生猪销售流通，为疫病的传播提供了密度越来越大的病原体和数量越来越多的传染媒介及易感动物群，从而导致疫病的飞速传播。

（十）营养代谢病和中毒性疾病也屡见不鲜

饲料配合不当或存放过长，营养损失，微量元素缺乏，饲料中过量添加药物及玉米赤霉烯酮中毒在部分猪场时有发生。

第二节　当前猪病诊断技术

要做到有的放矢地治疗猪病，首先要准确诊断（诊查病情，判断何病）。猪病诊断的方法有多种，如临床诊断、流行病学诊断、病理学诊断、鉴别诊断与药物诊断、实验室诊断等，各种诊断方法互相配合印证，综合得出诊断结论。但临床诊断是最为常用的诊断方法，在一般情况下，仅依靠临床诊断即可做出初步诊断。临床诊断大致包括6个方面，即问诊、望诊、闻诊、切诊、叩诊、嗅诊，在实际工作中应将6种诊断方法结合起来，全面了解病情，从而做出正确的判断。猪群患病后，常常会出现一系列的临床症状，有的明显，有的不明显；有的典型，有的不典型。对于表现出典型症状的疾病，如破伤风、猪痘和猪气喘病等，通过临床检查，一般不难做出诊断。规模猪场对于不典型的病例还需要借助于实验室检查和特殊器械的检查，常用免疫试纸快速检测技术来做快速、简便的诊断。

一、猪病诊断要点

进入21世纪以来，我国的养猪业迅速发展，集约化程度越来越高，养猪户的收益逐步提高。但随之而来的是猪病日趋复杂，诊断与防治难度越来越大，危害越来越严重，尤其是混合感染及"无名高热病"使大部分从业人员力不从心，专家、学者使尽浑身解数，损失仍然空前惨重。笔者根据亲身经历总结了几条猪病诊断要点，以期为更多的从业者提供参考。

（一）一症多病需注意

头疼医头、脚疼医脚的看病方式不仅仅在人类世界不被认可，在动物疾病的治疗中也是不正确的。这就需要兽医在临床上注意一症多病现象，即同一个症状可能是多种疾病。这就要求在诊断时，能够辨别症状的突出特征，从多个角度寻找病因。

（二）实验室诊断需重视

兽医治病如果仅凭经验开方、施药，往往可能发生误诊误治的严重后果。因为，各地域、各个体之间的症状差异颇大，且有的疾病，如猪瘟与猪丹毒、猪弓形虫病的临床症状就有很多相似之处，如果仅仅以临床症状为依据，就难以做出准确的诊断。另外，有些病原体本身也会发生某种变异或产生对某种药品的抗药性而失去疗效。

因此，在诊断某种疾病时，就很容易发生"确诊—否定—再确诊—再否定"的情况，产生乱定病名、乱投药的现象。这不仅不能及时治好病畜，还要耗费大量的医药费，甚至造成疫病蔓延。在实际工作中，既要珍惜并运用自己积累的临床经验，又必须十分重视实验室诊断手段，以便对某种疾病，能及时做出准确诊断，对症下药，使药到病除。

图1　PCR（基因扩增）实验室　　　　　图2　血清学实验室

（三）理论实践需区分

实验室诊断有准确率高的特点，因此在猪病诊断中占据重要地位，然而药敏试验结果在不同时间、不同对象、不同的环境下很可能产生试验结果与实际情况不相符的状况。这可能是由于实验室的环境比现实环境要单纯得多，现实环境中的细菌是极其复杂的，兽医要清楚地认识到理论与实践的区别，要结合实际情况应用理论知识。

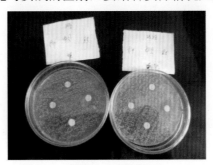

图3　药敏实验

（四）准确掌握临床诊断和手段

近年来，猪病的种类不断增多，混合感染的情况不断出现，在临床上的病理表现极其复杂。例如，在目前的临床上不少病猪都有耳缘发紫的状况，还有耳朵、四肢以及腹部出现瘀血的情况。而这种症状已经成为一些猪病的基本症状，因此不能一发现耳朵出现蓝色，就诊断为蓝耳病。

（五）注重剖检与病理学诊断相结合

众所周知，通过剖检可以观察到一些病猪器官的病理变化，可以确定病猪的病变性质以及病变程度，这样就能够和临床的病症相结合而做出正确的诊断。除此之外，对病死猪进行解剖，能够获得更多的资料价值，这样为日后的临床诊断提供了最基本的依据。所以，在猪病的诊断过程中，要注重剖检与病理学相结合。

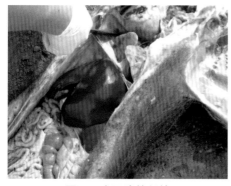 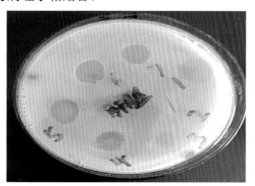

图4　病死猪的剖检　　　　　　　图5　细菌培养

（六）加强现场调查

在诊断猪的病情时，要结合现场进行调查，充分了解病猪的生活环境、饲养管理情况以及病猪的种群生活状态。只有全面了解病猪的环境，才能够从各方面来排查病因。猪病的产生与猪舍的温度、湿度以及空气通风都有着至关重要的联系。

（七）了解流行病学情况

从微观角度讲，需要观察猪病发生的环境的具体情况。而从宏观角度讲，需要掌握该地区的流行病的发展趋势以及变化状态，摸清周围市、县甚至外省、市的流行病的发展趋势。能够全面掌握疾病的种类、发展趋势，为本地猪病的诊断提供有力的参考。

（八）认真分析评估免疫抑制性因素

猪的免疫抑制性疾病没有表现出典型的临床症状和剖检病理变化，然而这些疾病却广泛地存在于猪群之中，具有很大的安全隐患。目前，不少饲养户发现，尽管给猪注射了疫苗，却发现体内的抗体水平不高，这就需要充分考虑免疫抑制性因素对发病的影响。

（九）加强综合分析诊断

混合感染是猪病产生的主导原因，因此在诊断猪病时要全面了解病情，用多元化的诊断方式，进行综合分析，找出确切的病因，对症下药，药到病除。

二、猪场疫病监测技术

猪场需要对疫病的发生、流行、分布及相关因素进行系统的长时间的观察与检测，以把握该疫病的发生发展趋势，做好疫病防治工作。

（一）监测病种

口蹄疫、布鲁氏菌病、结核病、炭疽病、附红细胞体病、猪瘟、猪伪狂犬病、猪繁殖与呼吸综合征、猪囊尾蚴病等疾病。

监测时公母数量各半。

（二）实验室监测

通过物理、化学、生物学试验，对取自病例的样品进行检查，获取具有诊断价值的数据。

下面是几种猪场主要疫病监测技术。

1. 口蹄疫：血清学监测方法有病毒抗原（VIA）琼脂凝胶免疫扩散试验（AGID），对检出的阳性猪再用酶联免疫吸附试验（ELISA）或夹心（ELISA）检验；病原学监测方法有微量补体结合试验、食道探杯查毒试验、反转录聚合酶链反应（RT-PCR）、病毒中和试验。

2. 布鲁氏菌病：血清学监测方法有血清试管凝集试验；病原学监测方法有细菌分离鉴定。

3. 结核病：血清学监测方法有结核分枝杆菌 PPD 皮内变态反应试验；病原学监测方法有细菌分离鉴定。

4. 伪狂犬病：血清学监测方法有 ELISA、中和试验；病原学监测方法有病毒分离鉴定。

5. 炭疽病：血清学监测方法有 ELISA；病原学监测方法有炭疽杆菌分离培养鉴定、炭疽沉淀试验。

6. 猪囊尾蚴病：血清学监测方法有 ELISA；病原学监测方法有病原分离与鉴定。

7. 猪瘟：血清学监测方法有 ELISA；病原学监测方法有 PCR。

8. 猪繁殖和呼吸综合征：血清学监测方法有免疫过氧化物酶单层试验、ELISA；病原学监测方法有病毒分离与鉴定。

（三）监测注意事项

送检病料进实验室后，按采样编号、地区、户主、畜种、年龄、性别、采样时间、收样时间、收样人进行登记。对病料进行严格检查，检查病料是否发生浑浊、溶血、腐败等现象，并采取相应的措施。必须在规定的时间内进行检测，之后按各种病料的要求和规定进行保存。检查检测试剂，若发现过期、变异等情况，更换检测试剂。必须进行预试验，在预试验成立的基础上再进行监测工作。

第三章　猪病综合防控

猪病的预防控制，必须坚持"预防为主，预防与控制、净化、消灭相结合"的方针，认真贯彻《中华人民共和国动物防疫法》的有关规定，加强饲养管理，搞好环境卫生，做好防疫检疫工作，定期消毒和驱虫，预防中毒，将饲养管理工作和防疫工作紧密结合起来，以达到预防控制疾病的目的。

猪病的发生与流行是由于病因、环境、动物三者互相作用而引起的。因此，预防猪病必须从消除病因、控制环境、提高动物的群体健康水平着手。同时我们也应看到，当前对养猪业危害最大的依然是传染病。运用传染病学的基本理论和手段，控制和消灭传染源、切断传播途径、降低猪群的易感性，是预防猪病的首要任务。猪病发生、流行的因素很复杂，任何一种防治措施都有其局限性，预防猪病的发生和流行必须采取综合性防治措施，才能收到最好的效果。采取综合性防治措施，根据不同病种和具体情况，选择最易控制的环节作为预防疫病措施的重点。主要做好以下工作：保持良好的环境卫生，科学饲养管理，免疫接种，严格检疫，消毒，药物预防，杀虫灭鼠，及时扑灭疫情。

第一节　保持良好的环境卫生

保持良好的环境卫生，是预防猪病的重要措施之一，对增强猪群体质和抗病能力起着重要的作用。

一、猪场建筑卫生

猪场场址应选择地势高、平坦、背风、向阳、水源充足、水质良好、排水方便、无污染、电力有保障和交通方便的地方。猪场应远离铁路、公路、城镇、居民区和其他公共场所500米以上，特别应远离其他养猪场、屠宰场、畜产品加工厂、牲畜交易场所、垃圾和污水处理场所、风景旅游区等1 000 ~ 2 000米。猪场周围筑有围墙或防疫沟。

图6　规模猪场周围的排水沟

生产区、生产管理区、生活区和隔离区严格分开。生产区要建在地势较高，离生活区、生产管理区 100 米以上的上风处。生产区大门应在生产区下风头，生产区内不同猪群也应保持一定距离，猪舍也应保持相距 20 米以上。生产区大门要设置行人、车辆消毒设施。车辆消毒设施为与大门同宽，长为机动车车轮一周半的水泥结构消毒池。行人消毒设施为门口一侧设置更衣换鞋的更衣室、消毒室和淋浴室。每栋猪舍门口处也要设置长 1 米的消毒池，或设置消毒盆，以供进入人员消毒。

图7　楼房猪舍

生产区内各种猪舍安排以方便饲养管理、有利防疫、节约用地为原则，考虑当地气候、风向、地形地势等合理布局。一般顺序为：种猪舍→妊娠舍→分娩舍→保育舍→生长育肥舍。种猪舍、配种室和饲料仓库应建在生产区的上风头，并与其他猪舍隔开。猪场隔离区包括兽医室、病猪隔离舍、病死猪无害化处理设施等，应建在生产区下风向、地势较低处并距健康猪舍 300 米以上。猪场专门的堆粪场和粪便处理设施，应设在围墙外，并且要符合环境保护要求。猪场应采用自来水或自建水井、水塔、输水管道，直通各栋猪舍，不用场外的水，以防饮水污染。场内道路应分设净道（饲料道）和污道（清粪道），不要重叠或交叉。生产区不设直通场外的道路。

图8　生产区内净道、污道分离

二、气候环境卫生

猪舍小气候环境适宜，才能充分发挥优良品种的遗传潜力，提高饲料转化率，增强猪的抵抗力和免疫力，降低发病率和死亡率。因此，为猪群创造适宜的小气候环境条件非常重要。适宜的小气候环境主要包括适宜的温度、湿度、通风、光照、饲养密度等。

（一）适宜的温度

猪既怕热又怕冷，适宜的环境温度对保证猪正常生长、发育、繁殖是非常重要的。猪生长发育的适宜温度范围为 15～25℃，气温过高或过低都会影响猪的生长发育、饲料转化率、抵抗力和免疫力，对猪健康不利，诱发各种疾病。因此，要采取有效管理措施，改善猪舍小气候，创造适宜的环境温度。特别是新生仔猪体温调节机能不全，为保障其健康发育，提高成活率，更需要创造适宜的温度。仔猪周围（保温箱等）最适宜温度为：1 日龄 35℃，2～4 日龄 33～34℃，5～7 日龄 28～30℃，8～35 日龄 20～28℃，随着日龄增加舍温可逐渐降低。40 日龄以内舍温应高于 19℃，昼夜温差不大于 6℃。

（二）适宜的湿度

猪舍的适宜相对湿度为 65%～75%。在任何情况下，湿度过高、过低对猪都是不利的。湿度过高有利于各种病原微生物、寄生虫的繁殖，猪易患疥癣、湿疹等皮肤病。同时高湿易使饲料发霉，猪抵抗力、免疫力降低，猪群发病率增高。湿度过低猪的皮肤和呼吸道黏膜表面蒸发量加大，使皮肤和黏膜干裂，对病原微生物防卫能力减弱，猪易患皮肤病和呼吸道病。湿度过高还可加剧冷热的刺激，使猪群更易患病等。防止湿度过高的主要措施是猪舍的地面向粪尿沟方向的倾斜度要在 3° 左右，经常适当通风换气，及时清扫粪便，防止积水等。哺乳母猪和仔猪舍对湿度要求更严格，更要采取措施，保持适宜的湿度。

（三）适当通风，保持空气新鲜

规模化养猪场，猪群密度大，猪舍密闭，猪呼吸时排出二氧化碳，粪便挥发产生有害气体，如排出不畅，聚积在猪舍，易刺激呼吸道，引起呼吸道疾病，还可使猪食欲下降、生产性能下降、体质变差、抗病力下降，发病率和死亡率升高。因此，猪舍经常通风换气，保持空气新鲜是非常重要的。同时通风还可调节猪舍内的温度和湿度。一般以通风窗自然排风结合机械排风为宜。

图 9　现代猪舍的通风系统

图 10　空气过滤、排风、除臭系统

　　猪舍内空气中有害气体的最大允许值：二氧化碳为 0.15%，硫化氢为 0.001%，氨为 0.002%。为消除舍内这些有害气体，除通风换气外，还应采取及时清除粪、尿、污水等综合性措施。

　　（四）适宜的光照

　　适宜的太阳光照，对保持猪舍的卫生，提高猪只的免疫力、抵抗力都有很好的作用。特别是可以促进维生素 D 的合成，促进骨骼生长，预防佝偻病。

　　不同生长阶段的猪对光照的需要量不同。对仔猪来说，日光是生长发育的必要条件，成年公猪和母猪也需要适当的自然光照，而 40 千克以上的肥育猪对光照的需要量较低。因此，要根据猪不同的生长阶段给以适当的光照。

　　（五）适宜的饲养密度

　　猪的饲养密度过大，影响猪舍的空气卫生，对猪的采食、饮水、睡眠、运动及群居等行为也有很大影响，从而间接地影响猪的健康和生产力。因此，猪群饲养密度要适宜。

图 11　母猪自动喂料、限位栏饲养

图 12　猪的正常睡姿

第二节　科学饲养管理

加强科学饲养管理，增强猪群的体质和抗病能力，是预防猪病的重要措施。

一、饮水卫生

水是猪生长必不可少的物质，一要供给充足的饮水，满足机体需要；二要供给清洁卫生的饮水。有条件的猪场应做水质化验分析，水质应符合饮水卫生要求，不含有害物质和病原微生物。

图 13　自动饮水、加药系统

图 14　饮水、加药水罐

二、饲料卫生

饲料是保证猪健康生长、发育、繁殖和生产的物质基础，要根据不同品种、年龄喂给全价配合饲料。特别是蛋白质、维生素、微量元素等要满足猪只生长、发育、繁殖和生产需要，否则就会发生营养代谢疾病。此外，要保证饲料清洁卫生，防止饲料和饲养用具被病原体污染，严禁饲喂发霉变质的饲料，防止中毒。

图 15　自动供料料塔及料线

三、严格隔离饲养

将猪群控制在一个有利于生产和便于防疫的地方隔离饲养，是预防、控制传染病的重要措施。为严格隔离饲养，猪场生产区只能有一个出入口，杜绝非生产人员、物品和车辆进入生产区。生产人员要在场内宿舍居住，凡进入生产区时要淋浴、消毒，更换已消毒的工作衣裤和鞋。工作衣、裤、鞋应保持清洁，定期消毒。场内工作人员严禁相互串栋。饲料库、装猪台应建在生产区紧靠围墙内侧。在饲料库外侧墙上设卸料窗，饲料由料窗入库，卸料的车辆和人员不准进入生产区，出场猪经过围栏组成的通道，赶进装猪台，装猪车辆和人员不准进入。猪舍的一切用具不得带出场外，各猪舍的用具要固定使用，不得串换混用。

猪场严禁饲养禽、犬、猫等动物，更不准其他地方的犬、猫、禽等动物进入猪场。职工家中不得养猪，职工外出不得接触其他猪。猪场食堂不能从场外购买猪肉，生活上所需肉食由本场供给。可能染疫的物品不准带入生产区内，凡进入生产区的物品必须经消毒处理。外来人员不能随意进场，必须进场者应经场长批准，并淋浴、消毒、更换场区工作衣、裤、鞋后才准进入，如外来人曾在 4 天内接触过病猪，不允许进场。场内兽医不准对外诊疗猪病，场内配种人员不准对外开展配种工作。

四、坚持自繁自养

养猪场（户）最好能自养公猪和母猪，自己繁殖仔猪并育肥，防止因从外地买猪而带进疫病。实践证明，坚持自繁自养是预防传染病传入的重要措施。

五、实行"全进全出"饲养管理制度

在大型猪场，为预防、控制传染病，应实行场（区）或栋舍"全进全出"的饲养管理方式，以利消除连续感染、交叉感染，切断疫病传播途径。猪群离舍后，猪舍彻底清扫、冲洗、消毒、熏蒸，保持空舍半个月以上再进新的猪群。

第三节　免疫接种

免疫接种是给猪接种生物制品，使猪群产生特异性抵抗力，使易感动物转化为不易感动物的一种手段。有组织、有计划地进行免疫接种，是预防和控制动物传染病的重要措施之一。

一、免疫接种的分类

根据免疫接种的时机不同，可分为预防免疫接种和紧急免疫接种。预防免疫接种是指在经常发生一些传染病或受一些传染病威胁的地区，为了预防传染病的发生和流行，在平时有计划地给健康动物进行的免疫接种。紧急免疫接种是指在发生传染病时，为了迅速控制和扑灭传染病的流行，而对疫区和受威胁地区尚未发病的动物进行的应急性免疫接种。

二、免疫接种应遵循的原则

（一）有的放矢

免疫接种前要进行流行病学调查，了解当地及周围地区有哪些传染病、流行范围和流行特点（季节、畜别、年龄、发病率、死亡率）等，然后制订适合本地区或本场的免疫计划，有目的地开展免疫接种。对当地未发生过的传染病，且没有从外地传入的可能性，就没有必要进行该传染病的免疫接种，尤其是毒力较强的活疫苗更不能轻率地使用。

（二）建立科学的免疫程序

免疫接种必须制定科学的免疫程序，并按免疫程序进行免疫。一个地区、一个养猪场可能发生的传染病不止一种，可以用来预防这些传染病的疫苗性质又不尽相同，因此，养猪场往往需用多种疫苗来预防不同的疫病，也需要根据各种疫苗的特性合理确定预防接种的次数和间隔时间，这就是所谓的免疫程序。现在国内外没有一个可供各地统一使用的标准的免疫程序，应在实践中总结经验，制定符合本地区、本场具体情况的免疫程序。

制定免疫程序时，主要考虑以下因素：当地猪的疫病流行情况及严重程度，传染病流行特点，仔猪母源抗体水平，上次免疫接种后存余抗体水平，猪的免疫应答，疫苗的特性，免疫接种的方法，各种疫苗接种的配合，免疫对猪健康的影响等。

（三）选择质量优良的疫苗

疫苗质量直接关系到免疫接种的效果，因此，在选择疫苗时，一定要选择有信誉的厂家生产的有批准文号的疫苗，应在动物防疫部门或生物厂家购买疫苗，不要在一些非法经营单位购买，以免买进伪劣疫苗。在使用前应检查疫苗外观质量，凡过期、变色、污染、发霉、有摇不散凝块或异物、无标签或标签不清、疫苗瓶有裂纹、瓶塞密封不严、受过冻结的液体疫苗、失真空的等不得使用。

（四）严格按规定运输、保存疫苗

疫苗是生物制品，都有严格的运输、保存条件和有效期。一定要按说明书的要求运输、保存，保障疫苗质量和免疫效果。

（五）正确使用疫苗

在使用前必须详细阅读使用说明书，了解其用途、用法、用量及注意事项等。

1. 必须正确稀释疫苗：各种疫苗使用的稀释液、稀释方法都有一定的规定，必须严格按说明书进行稀释，否则会影响免疫效果。

2. 选择正确的接种途径：不同的疫苗要求的接种途径不同。猪的免疫接种途径通常有肌内注射、滴鼻免疫、皮下注射、后海穴注射、胸腔注射、口服等。

因此，在接种疫苗时，一定要按说明书的要求，选择适宜的免疫接种途径。

3. 疫苗瓶开启和稀释后必须在规定时间内用完：疫苗稀释后，要立即使用，超过规定时间（一般弱毒疫苗 3 ～ 6 小时用完，灭活苗当天用完）未用完的疫苗应废弃。

（六）注意无菌操作

免疫接种前，将使用的器械（如注射器、针头、稀释疫苗瓶等）认真洗净，高压灭菌。免疫接种人员的指甲应剪短，用消毒液洗手，穿消毒工作服、鞋。吸取疫苗时，先用 75% 乙醇（酒精）擦拭消毒瓶盖，再用注射器抽取疫苗，如一次吸取不完，应另换一个消毒针头进行免疫接种，不要把插在疫苗瓶上的针头拔出，以便继续吸取疫苗，并用干棉球盖好，严禁用给猪注射过疫苗的针头吸取疫苗，防止疫苗污染。注射一头猪必须更换一个针头。

图 16　肌内注射

（七）免疫前后不要滥用药物

在免疫前后一周不要使用肾上腺皮质酮类抑制免疫应答的药物；对弱毒疫苗，在免疫前后一周不要使用抗生素，以免影响免疫效果。

（八）了解当地动物疫病流行情况和检查接种动物

疫苗接种前，应了解当地有无传染病的发生和流行，若有传染病发生和流行时，正在发病的动物不宜接种疫苗。

接种时，应询问接种动物近期饮食、大小便等健康状况，必要时进行体温测量和临床检查。凡精神、食欲、体温不正常者，有病、体质瘦弱、幼小、年老体弱者及怀孕后期等免疫接种禁忌证的对象，不予接种或暂缓接种。

（九）注意观察免疫接种后的反应

预防接种后，要加强饲养管理。在反应期内，应对接种反应情况进行详细观察，注意观察猪的精神、食欲、饮水、大小便等变化，对反应严重或发生过敏反应的及时抢救。

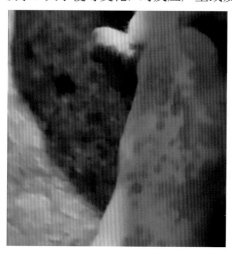

图 17　疫苗过敏反应

三、影响免疫效果的因素

（一）遗传因素

疫苗接种的免疫反应在一定程度上受遗传因素影响，不同品种的猪对疫苗的应答能力均有差异，即使同一品种不同个体之间，对疫苗的免疫应答也有差异。

（二）营养因素

抗体是由氨基酸组成的蛋白质，因此猪饲料中蛋白质或氨基酸供给不足，或缺乏合成蛋白质所需的微量元素、维生素，就会影响抗体的产生，从而影响免疫效果。

（三）环境因素

由于动物机体的免疫功能在一定程度上受到神经、体液、内分泌的调节，因此，当过冷、过热、通风不良、潮湿等，均会不同程度地影响猪的免疫功能。

（四）疫苗因素

疫苗是影响免疫效果的一个重要因素。如果疫苗质量不合格或超过有效期，或疫苗保存不当效价降低，或者疫苗使用不当，如注射时针头过短，注射液从针眼流出来，使注射剂量不足等，都会影响免疫效果。

（五）母源抗体对免疫的影响

免疫母猪所产生的抗体可传递给仔猪。仔猪母源抗体可干扰疫苗产生有效的免疫力。母源抗体愈高干扰作用也愈强，所以仔猪首次免疫（首免）日龄的选择，必须考虑仔猪母源抗体水平。

（六）日龄因素

新生仔猪体内免疫器官发育尚未成熟，免疫应答能力也不完全，因此，过早免疫，免疫效果不好。

（七）药物因素

在接种疫苗前后一周使用抗生素，将影响疫苗免疫效果。有些猪场超剂量或多次重复免疫接种，可引起免疫麻痹，往往达不到免疫效果。

（八）病原多型性和病原变异

一些病原具有多型性（例如口蹄疫有 7 个血清型 80 多个亚型），一些病原的血清型经常变异，如果疫苗毒株和病原血清型不一致，就没有免疫力。

（九）疾病对免疫的影响

疾病对免疫接种效果的影响是个不可忽视的因素，免疫抑制性疾病、中毒病、代谢病等疾病都会影响机体对疫苗的免疫应答能力，从而影响免疫接种效果。

四、严格检疫

采购猪只，一定要做好检疫工作，不要把患有传染病的猪只买进来。尤其是一些对猪危害比较严重的疫病和一些新病，更应严格检疫。凡需从外地购买猪只，必须首先调查了解当地传染病流行情况（种类、分布等），以保证从非疫区健康猪群中购买。经当地动物检疫机构检疫，签发检疫证书后方可启运。运回场后，要隔离饲养 30 天，在此期间进行临床检查、实验室检查，确认健康无病，方可进入生产区健康猪舍。

平时还应定期对主要传染病进行检疫，例如定期对猪群进行猪萎缩性鼻炎、猪瘟、猪伪狂犬病等进行检疫，及时淘汰病猪，建立一个健康状况良好的猪群。

平时还应做好免疫效果监测、消毒效果监测、猪场污染情况监测、饲料饮水卫生监测等，及时掌握疫情动态，为及早采取防治措施提供依据。

图 18　检测报告与检疫证明

图 19　前腔静脉采血

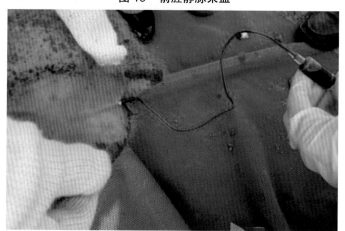

图 20　耳静脉采血

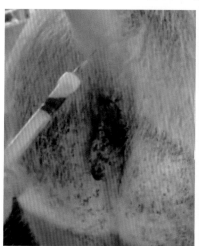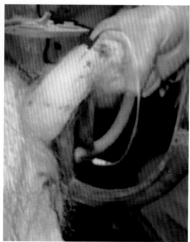

图 21　尾静脉采血

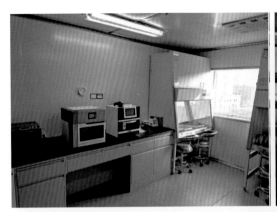

图 22　病原学、血清学化验

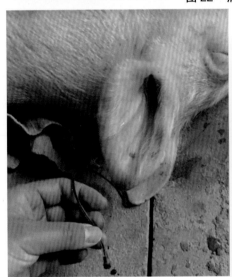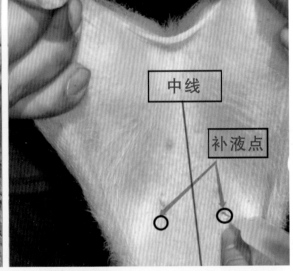

图 23　耳静脉、腹腔补液位置

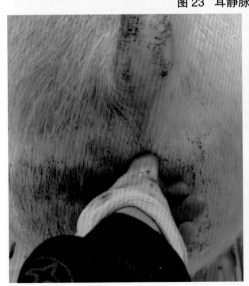

图 24　直肠灌注，胸腔补液

第四节　消毒

传染病发生后，传染源向外排出大量的病原体，污染环境、用具、人员、物品等。消毒就是消除或杀灭外界环境中的病原体，切断传播途径，是预防猪病发生和传播的一项重要措施。

一、消毒药分类

（一）复合酚类

主要有农福、菌毒敌（原名农乐）、福康、农家福、菌毒灭、煤酚皂（来苏儿）等。

（二）含氯制剂类

主要有强力消毒灵、84消毒液、抗毒威、菌毒净、次氯酸钠、优氯净等。

（三）阳离子表面活性消毒剂

主要有新洁尔灭（苯扎溴铵）、易克林、洗必泰（氯己定）、百毒杀等。

（四）酸类

主要有过氧乙酸、柠檬酸、乳酸、戊二酸等。

（五）碱类

主要有氢氧化钠（苛性钠）、氨水、生石灰等。

（六）醛类及其他消毒剂

主要有福尔马林（甲醛）、戊二醛、环氧乙烷等。

二、消毒的方法

有物理消毒法、化学消毒法和生物消毒法三种。

（一）物理消毒法

是利用机械、热、光、放射能等方法进行的消毒。它又可分机械消毒法、加热消毒法、光照消毒法。

1. 机械消毒法：是指通过清扫、通风、过滤等方法进行的消毒。这种方法操作简单，易于广泛应用，不能杀灭病原体，只是机械地消除病原体，因此，必须配合其他的消毒方法进行。如清除的粪便等物，应与堆积发酵、掩埋、焚烧或药物消毒等方法配合起来，才能达到彻底消毒的目的。

图25　猪舍清扫、冲洗干净

2. 加热消毒法：包括焚烧、烧灼、煮沸、干热空气、湿热空气和高压蒸汽。

焚烧与烧灼是有效而彻底的方法。当发生炭疽、非洲猪瘟、口蹄疫等传染病时，病原体的抵抗力极强，对病畜尸体及污染的垫草等应进行焚烧；对不易燃的厩舍地面、墙壁、猪栏等消毒时可用火焰喷灯消毒。

煮沸能使蛋白质迅速变性，是一种简便有效的消毒方法。一般病原菌的繁殖型在水中加温至60℃时，15～45分钟即可死亡，加热到100℃时，可于1～2分钟内死亡。煮沸1～2小时可杀死所有病原体。各种耐煮的物品和金属器械都可用煮沸消毒。在通过煮沸进行金属器械消毒时，可在水中加入1%～2%的碳酸钠或0.5%的肥皂等碱性物质增强杀菌效果。

图 26　火焰消毒

此外，也可应用干热空气（相对湿度在20%以下的热空气）、湿热空气（相对湿度在80%～100%的湿空气）和高压蒸汽进行消毒，这些消毒方法主要用于实验室的玻璃器皿、工作服等的消毒。

3. 光照消毒法：日光的消毒作用来自热、干燥和紫外线。一般细菌在太阳光直射下数小时死亡，但芽孢和痰内的结核分枝杆菌需要40～50小时才能死亡。因此利用日光消毒时，必须是在直射太阳光下，保持一定的时间。日光消毒简便易行，不损坏物品，但其作用仅限于物体表面，且受天气的影响较大，对于牧场、草地、畜栏、运动场、用具和物品的消毒有实际意义。

紫外线灯产生的紫外线为太阳光中有效紫外线的50倍，紫外线的杀菌作用常受到室内温度、湿度、墙壁涂料性质、空气中尘埃和被消毒物的距离、表面光滑程度等的影响。紫外线直射，对不能照到的阴暗地方没有消毒效果。紫外线对人体和动物体有害，在消毒时，人畜必须暂离，消毒后才能进入室内。

（二）化学消毒法

此法是利用化学药物杀灭病原体，所用的化学药物称为消毒药（剂）。化学消毒法的效果与许多因素有关，如病原体的抵抗力，病原体所处的环境，消毒药的浓度、剂量、作用时间和温度等。理想的消毒药应具备杀菌力强、有效浓度低、作用迅速、性质稳定、易溶于水、不易受有机物和其他因素的影响，对人畜无害，使用简便、安全、价廉等优点。但目前完全符合上述要求的消毒药品较少，每种消毒药品各有其优缺点，消毒时应根据不同的消毒对象和预防目的，选择高效、安全的消毒药。使用时配制成适宜的浓度，消毒时对被消毒对象要先清扫或清洗，再喷洒消毒药液，消毒液量要充足，消毒液要作用于被消毒对象全部表面，使消毒液同病原体接触时间足够（一般30分钟左右）。

消毒剂的效力随温度变化而变化，一般温度高时效果好，但有些消毒剂受温度的影响较小。冬天消毒时要选用低温时仍能保持消毒效果的消毒剂。另外水的硬度会影响消毒效果，配制消毒液时要注意水的质量。

图27　平时空舍消毒

（三）生物消毒法

生物消毒是利用一些微生物来杀死或清除病原微生物的一种方法。例如，污水净化，就是利用厌氧微生物在生长过程中所产生的缺氧条件，阻止需氧微生物的生长而达到消毒的目的。粪便堆积发酵就是利用嗜热细菌繁殖时产生的高热，杀死病原微生物或寄生虫。

图28　粪便发酵罐、堆积发酵处理

生物消毒法过程缓慢，需要较长的时间，但成本低、效果好，有推广价值。

三、猪场具体对象的消毒

（一）车辆

车辆进场时，车轮必须经消毒池消毒，车身和车盘喷雾消毒。消毒池应选择耐有机物、耐日晒、不易挥发、杀菌谱广、消毒力强的消毒剂，并应经常更换，时刻保持有效，确保消毒效果。如选用 2% 氢氧化钠、1% 菌毒敌等。

（二）人员

凡进入生产区的人员（外来人员和本场人员）都必须经消毒室，淋浴、消毒，更换消毒衣、裤、鞋、帽后方可进入。工作服应保持清洁，经常消毒。

维修人员由一栋猪舍向另一栋猪舍转移时，也应重新经消毒室洗浴、消毒，更换衣、裤、鞋、帽后才可转移。

（三）猪舍

坚持每天打扫猪舍，保持清洁卫生，舍内可用 0.2% 过氧乙酸、0.5% 强力消毒灵、次氯酸钠等消毒药液喷洒消毒，每月 1～2 次。发生疫情时要酌情增加消毒次数。

图 29　空舍消毒，带猪消毒

产房的消毒更加严格。要根据猪舍污染情况，有针对性地进行。消毒后进行消毒效果监测，如果效果不好，可重新筛选有效消毒剂再进行消毒。母猪进入产房前要进行体表消毒，用 0.1% 高锰酸钾溶液擦洗外阴和乳房消毒。

平时可采用带猪消毒法，一般不必将猪赶出舍外。用 0.05% 过氧乙酸或 0.5% 强力消毒灵等溶液喷洒消毒。

图 30　平时带猪消毒

每批猪出栏后，猪舍应按以下次序消毒后，方准再进入新的猪群。

1. 彻底清扫：清除猪舍内的粪尿、垫料、剩余的饲料和其他异物，并将它们运出猪舍，做堆积发酵无害化处理。

2. 彻底冲洗：用高压水龙头彻底冲洗顶棚、墙壁、门窗、地面、用具及其他一切设施。猪舍消毒好坏，与冲洗干净程度有很大关系，因此冲洗一定要彻底。

3. 药物消毒：猪舍经冲洗干燥后，选用消毒效果好的消毒药，对猪舍墙壁、地面、屋顶、设备、用具等喷洒。喷洒消毒药时各个角落一定要喷到，使消毒药液作用于所有需要消毒物品的全部表面。一些小型器具可在消毒液中浸泡消毒。不怕火烧的设备、地面等还可用火焰消毒。消毒药可选用 0.5% ～ 1% 菌毒敌、0.2% 过氧乙酸、5% 氨水、0.5%强力消毒灵、1% 抗毒威等。

4. 熏蒸：将猪舍门窗关闭，再用福尔马林熏蒸，一般每立方米用 28 毫升，高锰酸钾 14 克，水 14 毫升，在室温 15 ～ 18℃，相对湿度 70% 时，熏蒸 8 ～ 12 小时。消毒后密闭猪舍 5 ～ 7 天，开封后立即使用，以防再污染。

图 31　熏蒸消毒

也可以用过氧乙酸、菌毒敌等熏蒸消毒，但用量不能小于 2 克 / 米³。

（四）用具

猪饲槽、水槽、饮水器等用具需每天刷洗，保持清洁卫生。定期用新洁尔灭、强力消毒灵、84 消毒液、抗毒威等消毒液消毒。

（五）运动场

平时应经常清扫，保持清洁，定期选用适当的消毒药喷洒消毒，猪出栏后应彻底消毒。运动场为水泥地时，则与猪舍一样先用水彻底冲洗，再用消毒液仔细刷洗。运动场为泥土地时，可将地面土壤深翻 30 厘米左右，在翻地同时撒上漂白粉或新鲜生石灰（用量为每平方米 0.5 千克），然后用水湿润、压平。

（六）道路、环境

要经常清扫，保持清洁卫生，定期选用高效、低毒、广谱的消毒药喷洒消毒。

（七）粪便、污水

为防止污染环境和传播疫病，对猪场的粪便、污水应进行无害化处理。

最常用的粪便消毒法是生物消毒法。应用这种方法，能使非芽孢病原微生物污染的粪便变为无害，且不丧失肥料的应用价值。粪便的生物消毒方法通常有两种：一是发酵池法，适用于稀薄粪便的发酵；二是堆粪法，适用于干固粪便的处理。猪场粪便一般用发酵池法处理。

图32　污水的集中收集处理、发酵

图33　粪便固液分离、防雨防渗漏堆积存放

污水的处理方法有沉淀法、过滤法和化学药品处理法。比较实用的是化学药品处理法，先将污水引入池后，加入漂白粉或生石灰进行消毒，消毒药用量视污水量而定，一般每升污水用2～5克漂白粉。消毒后打开污水池闸门，使污水流入下水道。

第五节　药物预防

一、预防传染病的发生与流行

有些传染病可接种疫苗预防，但有些传染病目前尚无有效的疫苗，或者需要接种疫苗与使用药物相结合，因此药物预防就十分重要。例如内服乳康生或促菌生预防仔猪黄白痢等消化道传染病的发生，内服土霉素、泰乐菌素、支原净预防猪气喘病，内服痢菌净（添加在饲料中）预防猪痢疾，内服或注射磺胺类和抗生素类药物预防猪传染性萎缩性鼻炎。

二、预防营养缺乏与代谢障碍病

在日粮中添加氨基酸、微量元素和维生素，可预防营养缺乏和代谢障碍病，使用铁钴针防治仔猪缺铁性贫血，使用锌制剂防治锌缺乏所致皮肤病。

三、杀虫灭鼠

一些节肢动物及鼠类是许多传染病的传播媒介和传染源，杀虫灭鼠是切断传染病传播途径和消灭传染源的有效措施。

（一）杀虫

蚊、蝇、虻、蜱等是猪许多传染病的传播媒介，杀虫是预防和控制虫媒传染病发生和流行的重要措施。

1. 保持猪舍、猪场及周围环境清洁卫生：猪舍、猪场及周围的污水、粪便、垃圾、杂草等常常是蚊蝇滋生和藏身的场所，搞好猪舍、猪场及周围环境的清洁卫生，割除杂草，保持排水排污通畅无积水，做好垃圾、粪便、污水无害处理等都是消灭蚊蝇的重要措施。

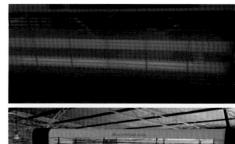

图 34　驱鸟、防鸟装置　　　　　图 35　电灭蚊器装置

2. 使用药物杀虫：使用各种杀虫药杀虫，是常用的杀虫方法。常用的药物有敌百虫、敌敌畏、蝇毒磷、菊酯类等杀虫药，每月在猪舍内外和蚊蝇容易滋生的场所喷洒两次。

（二）灭鼠

鼠类是很多传染病的传播媒介和传染源，它可以传播炭疽、布鲁氏菌病、李氏杆菌病、猪伪狂犬病等，因此，灭鼠是预防传染病的措施之一。

1. 生态学灭鼠：生态学灭鼠主要改变和破坏鼠类赖以生存的适宜条件，断绝鼠粮、捣毁隐蔽场所。例如，应经常保持猪舍及周围地区的整洁，及时清除饲料残渣，将饲料保藏在鼠类不能进入的房舍内；在建筑猪舍和仓库等房屋时，在墙基、地面、门窗等方面注意防鼠要求，发现鼠洞随时用铁丝网或水泥等封住。

2. 器械灭鼠：主要利用食物作诱饵，用捕鼠器械（鼠夹等）捕杀鼠类；或用堵洞、挖洞、灌洞等方法捕杀鼠类。

3. 药物灭鼠：直接用毒鼠药或将药和食物混合制成毒饵毒杀鼠类。此法如运用得当，效果好，可用于大面积灭鼠。常用的毒鼠药物有敌鼠钠盐、安妥、磷化锌等。

第六节　发生传染病时的扑灭措施

一、迅速报告疫情

任何单位和个人发现猪传染病、疑似传染病时，应就地隔离病猪和疑似病猪，并立即向当地动物防疫机构报告，并采取防治措施。报告内容包括发病动物种类、发病时间、地点、发病数、死亡数、临床症状、解剖变化、初步诊断、防治情况等。

动物疫情快报表													
填报单位：动物疫病预防控制中心					联系电话：			单位：		头、只（羽）			
病名	疫点数	发病动物种类	发病地点	存栏数	发病数	死亡数	扑杀数	诊断方法	诊断单位	确诊时间	病症始现时间	采取措施	备注
文字材料：													
统计人：				填表日期：		年　月　日			责任人：				
填表说明：1. 发病动物种类：应注明动物的具体种类，如口蹄疫，应写明是猪、羊或牛，牛则要注明奶牛、肉牛或耕牛。2. 存栏数：应填写发病时，动物所在场或户的存栏数。3. 发病地点：发病地点应具体到村（户）、场。4. 采取措施：与疫情月报中控制措施的填写方法相同。5. 备注：对需要说明的事宜进行说明。													

二、及时做出正确诊断

动物防疫机构接到疫情报告后，应立即派技术人员奔赴现场认真进行流行病学调查、临床诊断、病理变化检查，根据需要采取病料，进行病原分离鉴定、血清学试验、动物接种试验等，尽快做出正确诊断。在尚未做出准确诊断之前，应将病猪隔离，派专人管理，未经兽医同意，不准买卖、急宰等。

图36　常规流行病学调查表

图37　紧急流行病学调查表

三、隔离和处理病猪

隔离是将有传染性的病猪和可疑病猪置于不能向外散播病原体，易于消毒的地方或房舍，隔离病猪是为了控制传染源，防止健康猪继续受到感染，以便将疫情控制在最小范围内并就地消灭。因此，发生传染病时，首先应对感染猪群逐头进行临床检查，必要时可进行血清学试验。根据检查结果，将受检猪分为病猪、可疑病猪和假定健康猪三类，以便分别处理。

（一）病猪

包括有典型症状或类似症状，或血清学检查呈阳性的猪，它们是最危险的传染源，将其集中隔离在原来的猪舍，或送入专用病猪隔离舍。隔离猪舍要特别注意消毒，由专人饲养，固定专用工具，禁止其他人、畜接近或出入，粪便和其他排泄物单独收集并进行无害化处理。对有治疗价值的病猪，尤其是细菌性疾病，要进行及时治疗，尽可能减少经济损失；没有治疗价值的病猪，或烈性传染病不宜治疗的病猪应扑杀、销毁，或按国家有关规定处理。

（二）可疑病猪

无临床症状，但与患病猪是同舍或同群，使用共同的水源、饲料、用具等。它们有可能感染传染病，有排菌（毒）的危险，应在消毒后转移至其他地方，将其隔离，限制其活动，并立即进行紧急预防接种或用药物进行预防性治疗，详细观察，如果出现发病症状，按病畜处理。隔离观察时间的长短，可根据该种传染病的潜伏期长短而定，经过一定时间不发病，可取消其限制。

（三）假定健康猪

疫区内其他易感猪都属于假定健康猪。应与上述两类猪严格隔离饲养，加强消毒，立即进行紧急免疫接种或药物预防以及其他保护性措施，严防感染。

四、封锁疫点、疫区

暴发危害较大的传染病时，在隔离的基础上，要迅速采取封锁措施，以防止传染病向安全地区传播蔓延和健康动物误入疫区而被感染。封锁的目的是保护广大地区猪群的安全和人民的健康，把疫病控制在最小范围内，以便集中力量就地扑灭。

封锁区的划分应根据该病的流行特点、流行情况和当地自然地理条件等，由当地畜牧兽医行政部门划分，并报请当地政府实行封锁。封锁要早，行动要快，封锁要严，范围要小。疫点为病畜所在猪场、自然村，疫区为疫病正在流行的地区，受威胁区为疫区周围可能受到传染病侵袭的地区。封锁区内应采取以下措施：

在封锁边缘地区，设立明显标志，指明绕行路线，设置监督岗哨，禁止易感动物通过封锁区。在重要的交通路口设立临时动物检疫消毒站，对必须通过的车辆、人员及动物等进行消毒检疫。封锁区内的动物在封锁期间，禁止染疫和可疑染疫动物、动物产品流出疫区，禁止非疫区的动物进入疫区，并根据扑灭传染病的需要对出入疫点、疫区的人员、运输工具及有关物品采取消毒和其他限制性措施。

对病猪和疑似病猪使用过的垫草、残余饲料、粪便、污染的土壤、用具、猪舍等进行严格消毒工作。

暂停猪的集市交易和其他集散活动，禁止由疫区输出易感动物及其产品和污染的饲料饲草等。

对疫区及受威胁地区易感动物，及时进行紧急预防接种、杀虫灭鼠工作，防止疫病的传播和蔓延。

对病死猪进行无害化处理，传染病病猪尸体含有大量的病原体，并可污染外界环境，若不及时做无害化处理，常可引起人畜发病，因此正确及时地处理病猪尸体，在防治传染病和维护公共卫生上都有重大意义。处理尸体的方法有以下几种：

图38　无害化处理场

（1）化制。将病畜尸体在特殊的加工设备中加工处理，不仅对尸体可进行无害化处理，而且还可保留许多有利用价值的东西，如工业用油脂、骨粉、肉粉等。

（2）掩埋。这是一种不彻底的处理方法，但由于简便易行，目前还在广泛使用。掩埋尸体应选择地势平坦、高燥，距猪场、住宅、道路、水井、牧场及河流较远的偏僻地点进行。尸坑的长和宽以容纳尸体侧卧为度，深度应在2米以上。但对因炭疽死亡的猪，不能掩埋，必须焚烧。

（3）腐败。将尸体投入专用的尸坑内，使其腐败以达到消毒的目的，并可用作肥料。尸坑大小为直径3米、深9～10米的圆井，坑壁与坑底用砖、石、水泥砌成，坑沿高于地面33厘米左右，坑口有严密的盖子，坑内有通气管。此法较掩埋方法合理。当尸体完全分解后，可取出做肥料。但此法不适宜炭疽、气肿疽畜尸体的处理。

（4）焚烧。此法是消灭病原体最彻底的方法。焚烧时要注意防火，应选择离村镇较远的下风口的地方。焚坑有十字坑、长方形坑和双层坑。将坑挖好后，把木柴放在坑底，再在坑口放3根湿木，把尸体架在上面，往尸体和木材上浇柴油后点燃，直至将尸体烧成黑炭，就地埋在坑内。

第二篇 传染性疾病诊断与防治

第一章　病毒性传染病

第一节　口蹄疫

口蹄疫是由口蹄疫病毒引起的偶蹄兽的一种急性、烈性和高度接触性传染病。临床上以猪口腔黏膜、鼻吻部、蹄部及乳房皮肤发生水疱和溃烂为特征。

猪口蹄疫的发病率很高，传染快，流行面大，可引起大批仔猪死亡，造成严重的经济损失，世界各国对口蹄疫都十分重视，我国各级部门也十分重视该病的防治工作。

口蹄疫病毒属于小RNA病毒科，病毒呈球形，直径为23纳米，无囊膜。口蹄疫病毒具有多型性及易变的特点，已知有7个主型（即A、O、C、南非1、南非2、南非3、亚洲1型）。各型不能交互免疫。各主型还有若干亚型，目前已知约65个亚型。我国口蹄疫的病毒型为O、A及亚洲1型。

口蹄疫病毒对外界环境抵抗力较强，在污染的饲料、饲草、毛皮、土壤等环境中，可存活且保持传染性数周至数月。病毒对日光、热、酸、碱等敏感，应用1%～2%氢氧化钠溶液、3%～5%福尔马林、0.2%～0.3%过氧乙酸等消毒药液均有较好的消毒效果。

一、流行病学

牛、羊、猪等偶蹄动物都可发生。猪对口蹄疫病毒特别易感，常可见到猪发病而牛、羊等偶蹄动物不发病的现象。不同年龄的猪易感程度不完全相同，一般是仔猪发病率最高，病情越重死亡率越高。

病猪和带毒动物是主要的传染源。在发热期，病畜的奶、分泌物、排泄物、水疱皮、水疱液中含有大量病毒，通过消化道损伤的黏膜、皮肤以及空气、呼吸道传染。

猪口蹄疫多发生于秋末、冬季和早春，尤以春季易发，但在大型猪场及生猪集中的仓库，一年四季均可发生。本病常呈跳跃式流行，主要发生于集中饲养的猪场、仓库、城郊猪场及交通沿线，畜产品、人、动物、运输工具等都是本病的传播媒介。

二、临床症状

由于多种动物的易感性，病毒的数量和毒力以及感染源不同，潜伏期长短和症状也不尽相同。

潜伏期1～2天，病猪以蹄部水疱为特征，体温升高（41～42℃），全身症状明显，精神不振，食欲减少或废绝；蹄冠、蹄叉、蹄踵发红，形成水疱和溃烂，有继发感染时蹄壳可能脱落。

病猪跛行，喜卧，鼻盘、口腔、齿龈、舌、乳房（主要是哺乳母猪）也可见到水疱和烂斑。仔猪可因急性肠炎和心肌炎突然死亡。

图 39　断奶仔猪腿疼蹬蹄

图 40　断奶仔猪腿疼跐脚

图 41　蹄冠、蹄叉水疱

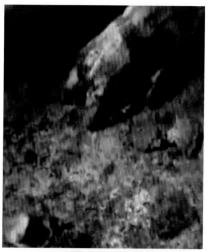

图 42　蹄壳脱落

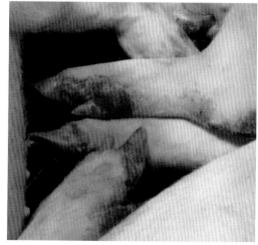

图 43　蹄冠、蹄叉、蹄踵发红，形成水疱和溃烂

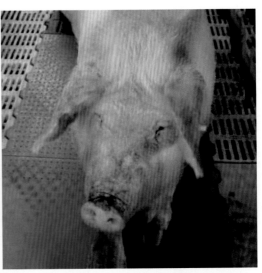

图 44　母猪唇部水疱　　　　　　　　图 45　水疱破溃后烂斑

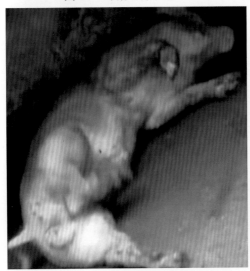
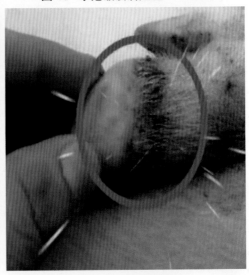

图 46　断奶仔猪患心肌炎　　　　　　图 47　联合部破溃

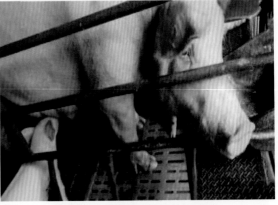

图 48　蹄部水疱破溃出血　　　　　　图 49　母猪联合处破溃已融合

图 50 母猪乳房水疱

图 51 蹄冠肿胀

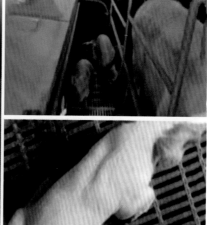

图 52 不愿站立，疼痛尖叫

三、病理变化

口腔、鼻盘及蹄部发生水疱和溃烂。

仔猪因心肌炎死亡时可见心肌松软，心肌切面有淡黄色斑或条纹（虎斑心），还可见出血性肠炎。

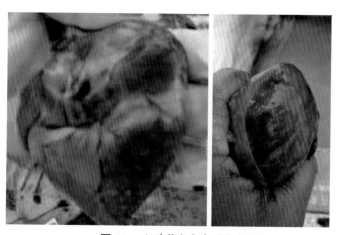

图 53 心脏黄白色条纹状坏死

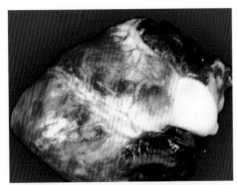

图 54　心肌切面上见到黑白色或淡黄色条纹（虎斑心）　　　图 55　心脏外膜出血

图 56　心脏内膜出血　　　　　　图 57　病毒肺及肺出血

四、诊断

根据流行特点、临床症状、病理变化可做出初步诊断，确诊须进行实验室检查鉴定毒型，严格按照《口蹄疫诊断技术》（GB/T 18935—2018）进行。

病料样品采取：取病猪水疱皮或水疱液，置于 50% 甘油生理盐水中（加冰或液氮容器保存运输），迅速送往实验室进行诊断。

确定毒型的意义在于如何选用与本地流行毒株相适应的疫苗，如果毒型与疫苗毒型不符，就不能收到预期的免疫效果。

五、防控措施

（一）预防措施

坚持"预防为主"的方针，采取以免疫预防为主的综合防控措施，预防疫情发生。

1. 实行强制普遍免疫：免疫预防是控制本病的主要措施，非疫区要根据接邻国家和地区发生口蹄疫的血清型选择同血清型的疫苗。发生口蹄疫的地区，应当鉴定口蹄疫血清型，然后选择同血清型的疫苗。目前，我国口蹄疫强制免疫常用疫苗是 O 型或 O 型‑A 型口蹄疫灭活疫苗（普通苗和浓缩高效苗）及 O 型合成肽口蹄疫疫苗。

2. 依法进行检疫：带毒活畜和畜产品的流动是口蹄疫暴发和流行的重要原因之一，因此要依法进行产地检疫和屠宰检疫，严厉打击非法经营和屠宰病畜，依法做好流通领域运输活畜和畜产品的检疫、监督和管理，防止口蹄疫传入，对进入流通领域的偶蹄动物必须具备检疫合格证明和疫苗免疫注射证明。

3. 坚持自繁自养：尽量不从外地引进动物，必须引进时，需了解当地近 1～3 年有无口蹄疫发生和流行，只从非疫区健康群中购买，并需经产地检疫合格。购买后，仍需隔离观察 1 个月，经临床检查、实验室检查，确认健康无病方可混群饲养。发生口蹄疫的动物饲养场，全场动物不能留作种用。

4. 严防通过各种传染媒介和传播渠道传入疫情：严格隔离饲养，杜绝外来人员参观，加强对进场的车辆、人员、物品消毒，不从疫区购买饲料，严禁从疫区调运动物及其产品等。

（二）控制扑灭措施

严格按口蹄疫防治技术规范采取紧急、强制性、综合性的扑灭措施。一旦有口蹄疫疫情发生，当地县级以上地方人民政府畜牧兽医行政管理部门应当立即派人到现场，划定疫点、疫区、受威胁区，采集病料，调查疫源，及时报请同级人民政府决定对疫区实行封锁，并将疫情等情况逐级上报国务院畜牧兽医行政管理部门。

县级以上地方人民政府应当立即组织有关部门和单位采取隔离、扑杀、销毁、消毒、紧急免疫接种等强制性控制、扑灭措施，迅速扑灭疫病，并通报毗邻地区。

疫区范围涉及两个以上行政区域的，由有关行政区域共同的上一级人民政府对疫区实行封锁，或者由各有关行政区域的上一级人民政府共同对疫区实行封锁。

在封锁期间，禁止染疫和疑似染疫的动物、动物产品流出疫区，禁止非疫区的动物进入疫区，并根据扑灭动物疫病的需要对出入封锁区的人员、运输工具及有关物品采取消毒和其他限制性措施。

最后一头病畜死亡或扑杀后 14 天，经彻底消毒，可由原决定机关宣布疫点、疫区、受威胁区的撤销和疫区封锁的解除。

六、公共卫生学

人可因饲养病畜、接触病畜患部或食入病畜生乳或未经充分消毒的病畜乳及乳制品而感染，创伤也可感染。潜伏期 2～18 天，一般为 3～8 天。常突然发病，体温升高，头晕，头痛，恶心，呕吐，精神不振；2～3 天后，口腔有干燥和灼热感，唇、齿龈、舌面、舌根及咽喉部发生水疱，咽喉疼痛，口腔黏膜潮红，皮肤上的水疱多见于指尖、指甲基部，有时也见于手掌、足趾、鼻翼和面部。持续 2～3 天后水疱破裂，形成薄痂或溃疡，但大多逐渐愈合，有的患者有咽喉痛、吞咽困难、腹泻、虚弱等症状。一般病程约 1 周，预后良好。重症者可并发胃肠炎、神经炎和心肌炎等。小儿有较高的易感性，感染后易发生胃肠炎。因此，预防人感染口蹄疫，一定要做好自身的防护，注意消毒，防止外伤，非工作人员不与病畜接触，以防感染和散毒。

第二节　猪瘟

猪瘟，俗称烂肠瘟，美国称猪霍乱，英国称猪热病，是一种由猪瘟病毒引起的猪的急性、烈性、败血性和高度接触性传染病。

本病在亚洲、非洲、中南美洲仍然不断发生，美国、加拿大、澳大利亚及欧洲若干国家已经消灭，但在欧洲一些国家近 10 年来仍有再次发病的报道。

猪瘟病毒对环境的抵抗力不强，对乙醚、氯仿、β-丙烯内酯和碱性消毒药物敏感，1%～2%氢氧化钠、生石灰等，1%的福尔马林、碳酸钠（4%无水或 10%结晶碳酸钠＋0.1%去污剂）、离子和无离子去污剂、含 1%碘伏的磷酸能将其灭活。

一、流行病学

本病在自然条件下只感染猪，不同品种、年龄、性别的猪均可感染发病。

病猪和隐性感染的带毒猪为主要传染源，猪感染后 1～2 天，未出现临床症状前就能向外界排毒，病猪痊愈后仍可带毒和排毒 5～6 周，病猪的排泄物、分泌物和屠宰时的血、肉、内脏和废料、废水都含有大量病毒，被猪瘟病毒污染的饲料、水、用具、物品、人员、环境等也是传染源。随意抛弃病死猪的尸体、脏器或者病猪、隐性感染猪及其产品处理不当均可传播本病。带毒母猪产出的仔猪可持续排毒，也可成为传染源。

猪瘟主要通过直接或间接接触方式传播，一般经消化道传染，也可经呼吸道、眼结膜感染或通过损伤的皮肤、阉割时的创口感染。非易感动物和人可能是病毒的机械传播者。

妊娠母猪感染猪瘟后，病毒可经胎盘垂直感染胎儿，产出弱仔、死胎、木乃伊等，分娩时排出大量病毒。先天带毒猪无明显症状但终身带毒、散毒，是猪瘟病毒的主要贮存宿主。

本病一年四季均可发生，一般以深秋、冬季、早春较为严重。急性暴发时，先是几头猪发病突然死亡，继而病猪数量不断增加，多数呈急性经过并死亡，3 周后逐渐趋于低潮，病猪多呈亚急性或慢性，如无继发感染少数慢性病猪在 1 个月左右恢复或死亡，流行终止。

二、临床症状

本病的潜伏期一般为 5～7 天，最短 2 天，长的 21 天。根据病程长短和临床症状可分为最急性型、急性型、亚急性型、慢性型、繁殖障碍型、温和型和神经型。

（一）最急性型

多见于流行初期，主要表现为突然发病，高热稽留，体温可达 41℃以上，全身痉挛，四肢抽搐，皮肤和可视黏膜发紫、有出血点，倒卧地上很快死亡，病程 1～5 天。

图 58 发病迅速，病猪倒地死亡

图 59　耳朵、四肢发紫　　　　　　　　图 60　全身出血点

（二）急性型

体温升至 41～42℃，稽留不退；精神沉郁，行动缓慢、低头垂尾、嗜睡、发抖，行走时拱背、不食。病猪早期有急性结膜炎，眼结膜潮红，眼角有多量脓性分泌物，甚至眼睑粘连；口腔黏膜发紫，有出血点。公猪包皮内积尿，用手可挤出浑浊恶臭尿液。病初出现便秘，排出球状并带有血丝或假膜的粪球，随病程的发展呈现腹泻或腹泻便秘交替出现。皮肤初期潮红充血，随后在耳、颈、腹部、四肢内侧出现出血点和出血斑，濒死前，体温降至常温以下。病程一般 1～2 周。

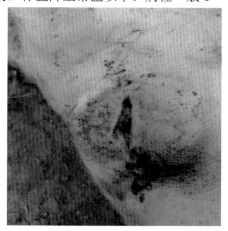

图 61　眼结膜出血

图 62　带肠黏膜粪便

图 63　包皮积尿

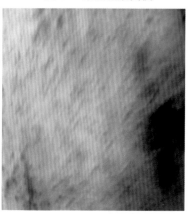

图 64　皮肤出血点

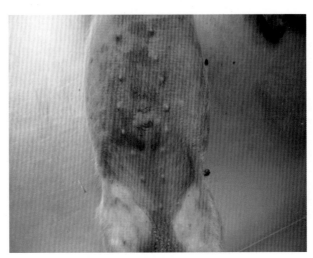

图 65　腹部皮肤弥漫性出血

（三）亚急性型

症状与急性型相似，但较缓和，病程一般 3 ～ 4 周。未死亡猪常转为慢性型。

（四）慢性型

主要表现为消瘦，全身衰弱，体温时高时低，便秘、腹泻交替出现，被毛枯燥，行走无力，食欲不佳，贫血。有的病猪在耳端、尾尖及四肢皮肤上有紫斑或坏死痂，病程 1 个月以上。病猪很难恢复，不死者长期发育不良，形成僵猪。

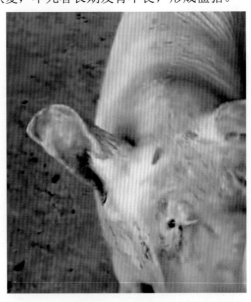

图 66　耳朵坏死

（五）繁殖障碍型（母猪带毒综合征）

有的孕猪感染后可不发病但长期带毒，并能通过胎盘传给胎儿，有的孕猪出现流产、早产，产死胎、木乃伊胎，弱仔或新生仔猪先天性头部、四肢颤抖，一般数天后死亡，存活的仔猪可出现长期病毒血症。

（六）温和型

症状较轻且不典型，有的耳部皮肤坏死，俗称干耳朵；有的尾部坏死，俗称干尾巴；有的四肢末端坏死，俗称紫斑蹄。病猪发育停滞，后期四肢瘫痪，不能站立，部分病猪跗关节肿大。病程一般半个月以上，有的经2～3个月才能逐渐康复。

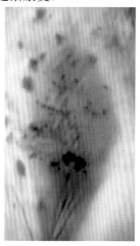

图67　耳朵坏死脱落，腹部坏死斑

（七）神经型

多见于幼猪。病猪表现为全身痉挛或不能站立，或盲目奔跑，或倒地痉挛，常在短期内死亡。

三、病理变化

根据病程长短和继发感染情况，病理变化有所不同。

（一）最急性型

多无明显病理变化，一般仅见到黏膜、浆膜和内脏有少数点状出血，淋巴结轻度肿胀和出血。

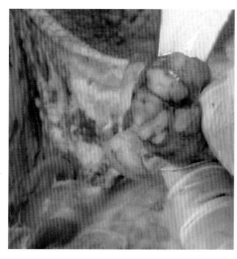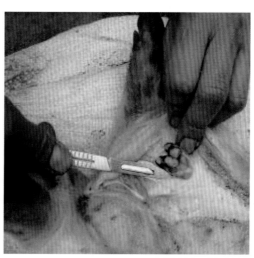

图68　颌下淋巴结周围出血　　　　**图69　腹股沟淋巴结周围出血**

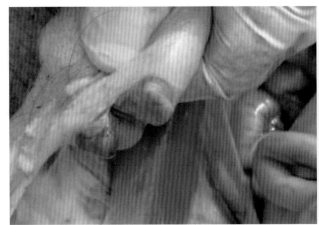

图 70　腹股沟浅淋巴结周围出血　　　　　　　图 71　心耳、心外膜出血

（二）急性型

主要表现为典型的败血性病变，全身皮肤、浆膜和内脏实质器官有不同程度的出血。皮肤出血主要见于耳根、腹下和四肢内侧。

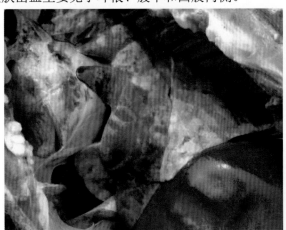

图 72　肺脏出血点和出血斑

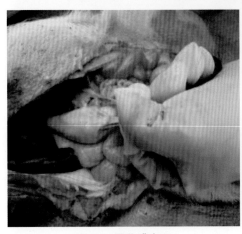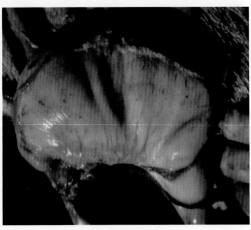

图 73　胃浆膜出血　　　　　　　图 74　胃浆膜斑点状出血

图 75　结肠、小肠浆膜小点状出血

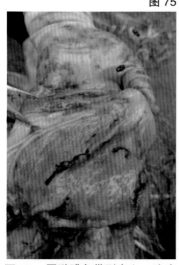
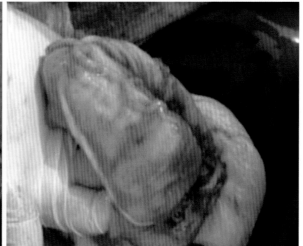

图 76　胃黏膜条带型出血、溃疡　　　　　　**图 77　胃黏膜出血**

以淋巴结、肾脏、膀胱、喉头、会厌软骨、心外膜和大肠黏膜的出血最为常见。

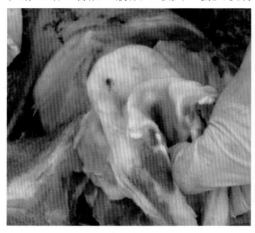
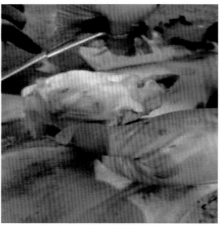

图 78　会厌软骨出血　　　　　　**图 79　喉头出血**

两侧扁桃体坏死。全身淋巴结肿大、多汁、充血和出血，切面呈大理石状花纹。

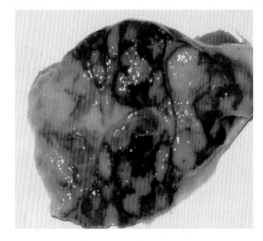

图80 淋巴结周围出血

脾脏大小、色泽基本正常，边缘及尖端有大小不一、紫红色、隆起的出血性或贫血性梗死灶最有诊断意义。

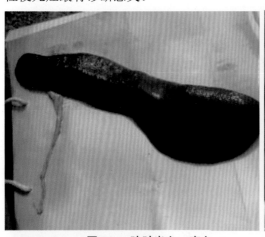

图81 脾脏出血、瘀血

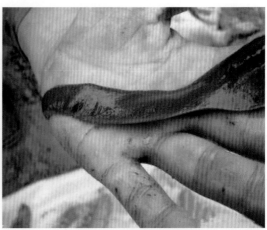

图82 脾脏边缘梗死

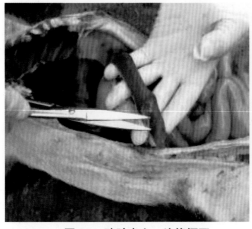

图83 脾脏出血、边缘梗死

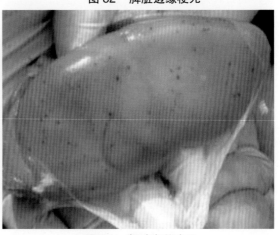

图84 肾脏点状出血

肾脏色泽变淡，呈土黄色，皮质部有针尖大的出血点。

图85　两侧肾脏贫血及点状出血　　　图86　肾盂点状出血

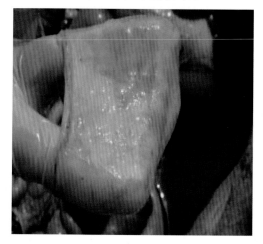 

图87　膀胱点状出血　　　　　　　图88　膀胱带状、点状出血

小肠卡他性炎症，回肠、盲肠（回盲瓣处）和结肠常有特征性的坏死、扣状溃疡。

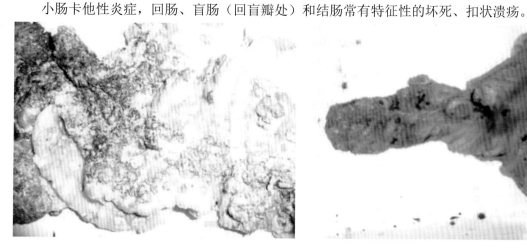 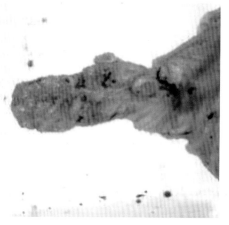

图89　盲肠扣状溃疡与假膜　　　　图90　盲肠扣状溃疡与糠麸样附着物

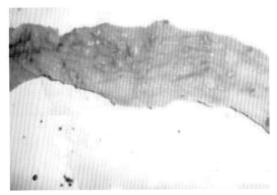

图91　直肠溃疡

（三）亚急性型

全身出血性症状较急性型轻，但坏死性肠炎和肺炎变化明显。

图92　淋巴滤泡肿胀、脾出血性梗死

（四）慢性型

主要变化为坏死性肠炎、全身出血变化不明显。特征是在盲肠、回盲口及结肠黏膜上形成扣状溃疡。

图93　慢性呈纤维素性坏死性肠炎，大肠黏膜有扣状溃疡

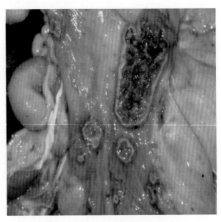

图94　回盲瓣扣状溃疡

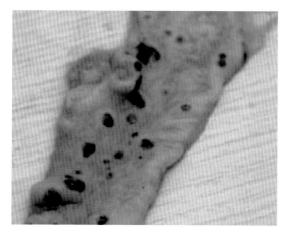

图 95　盲肠扣状溃疡、直肠点状出血

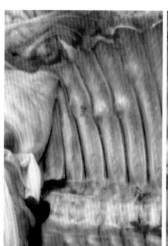

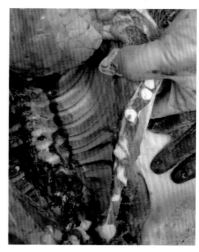

图 96　肋骨骨化线　　　　　　　　　　图 97　肋膜出血

　　肋骨病变也很常见，表现为突然钙化，从肋骨、肋软骨联合到肋骨近端有半硬的骨结构形成的明显横切线。繁殖障碍型、温和型和神经型的剖检病变特征不明显。

四、诊断

　　典型的急性猪瘟暴发可根据流行特点、临床症状和剖检病变做出相当准确的诊断。但确诊还需进行实验室检测（ELISA，PCR 方法）。

　　病料样品采集：病毒分离、鉴定应采集扁桃体（首选样品）、淋巴结（咽和肠系膜）、脾、肾、远端回肠、抗凝全血（最好用 EDTA 抗凝），冷藏保存（不能冻结）尽快送检。血清学试验应采集发病猪及同群猪、康复猪的血清样品。

五、防控措施

（一）预防措施

坚持预防为主，采取综合性防控措施。

1. 免疫接种：是当前预防猪瘟的主要手段。

2. 开展免疫检测：有条件的猪场应开展免疫检测（可用 ELISA 或间接血凝试验），

根据母源抗体水平或残留抗体水平，适时免疫。每次免疫接种后进行免疫效果检测，凡是接种后抗体水平不合格的猪再免疫一次，仍不合格者属免疫耐受猪，应坚决淘汰。

3. 及时淘汰隐性感染带毒猪：应用直接免疫荧光抗体试验检测种猪群，只要检查出阳性带毒猪坚决扑杀，进行无害化处理消灭传染源，降低垂直传播的危险。

4. 加强检疫：实行自繁自养，防止引入病猪，尽可能不从外地引进新猪。必须由外地引进猪只时，应到无病地区选购并做好免疫接种。回场后应隔离观察 2 ～ 3 周，并应用免疫荧光抗体试验或酶标免疫组织抗原定位法检疫，确认健康无病，方可混群饲养。

5. 全进全出：建立"全进全出"的管理制度，消除连续感染、交叉感染。

6. 做好猪场、猪舍的隔离、卫生、消毒工作：禁止场外人员、车辆、物品等进入生产区，必须进入生产区的人员应经严格消毒，更换工作衣、鞋后方可进入。进入生产区的车辆、物品也必须进行严格消毒。生产区工作人员应坚守工作岗位，严禁串岗。各猪舍用具要固定，不可混用。生产区、猪舍要经常清扫、消毒，认真做好驱虫灭鼠工作。

7. 加强市场、运输检疫：控制传染源流动，防止传播猪瘟。

8. 科学饲养管理：提高机体抵抗力。

（二）扑灭措施

发生猪瘟的地区或猪场，应根据《猪瘟防治技术规范》的规定采取紧急强制性的控制和扑灭措施。

第三节　非洲猪瘟

非洲猪瘟是由非洲猪瘟病毒引起的猪的一种急性、出血性、高度致死性传染病。其临床症状和病理变化与猪瘟相似，但传播更快，病死率更高，内脏器官和淋巴结出血性变化更严重。

本病 1910 年原发于非洲，后来传入葡萄牙、西班牙、法国、意大利等国，现流行于非洲撒哈拉以南地区。2007 年以来，非洲猪瘟在全球多个国家发生、扩散、流行，特别是俄罗斯及其周围地区。2017 年 3 月，俄罗斯远东地区伊尔库茨克州发生非洲猪瘟疫情，疫情发生地距离我国较近，仅为 1 000 千米左右。我国是养猪及猪肉消费大国，生猪出栏量、存栏量以及猪肉消费量均位于全球首位，每年种猪及猪肉制品进口总量巨大，与多个国家贸易频繁，而且我国与其他国家的旅客往来频繁，旅客携带的商品数量多、种类杂，非洲猪瘟传入我国的风险日益加大，一旦传入带来的损失将不可估量。全球已有 60 多个国家和地区报告过非洲猪瘟疫情。对此，2017 年 4 月 12 日，我国农业部发布了关于进一步加强非洲猪瘟风险防范工作的紧急通知。然而，防不胜防，2018 年 8 月 3 日，辽宁省发生了我国第一次非洲猪瘟疫情。

一、流行病学

猪是自然感染非洲猪瘟病毒的唯一动物，不同品种、年龄、性别的猪和野猪均易感。易感性与品种有关，非洲野猪（疣猪和豪猪）常呈隐性感染。

病猪、隐性感染猪是本病的主要传染源，病猪在发热前 1～2 天就可排毒，隐性感染猪、康复猪带毒时间很长，有些终生带毒，也是重要的传染源。野猪呈隐性感染，但野猪能直接把病毒传给家猪，是危险的传染源。

感染猪与健康易感猪的直接接触可传播非洲猪瘟病毒。非洲猪瘟病毒可通过饲料、泔水、垫草、车辆、设备、衣物等间接传播，也可经钝缘软蜱叮咬生猪传播。消化道和呼吸道是最主要的感染途径。

易感动物为家猪和野猪。其他哺乳动物包括人均不感染非洲猪瘟病毒。目前报道的发病猪群主要是饲喂非洲猪瘟病毒污染泔水的猪。不同品种、日龄和性别的猪均对非洲猪瘟病毒易感。

二、临床症状

自然感染的潜伏期差异较大，短的 4～8 天，长的 15～19 天，人工感染为 2～5 天，潜伏期的长短与接种剂量和接种途径有关。根据病毒的毒力和感染途径不同，可表现为最急性型、急性型、亚急性型和慢性型等。

（一）最急性型

特征是高热 41～42℃，食欲缺乏和不活动，1～3 天内可能发生突然死亡，无任何临床症状。通常情况下，临床症状和器官病变都不明显。

（二）急性型

特征是在 4～7 天的潜伏期（极少情况下可长达 14 天），出现高热 40～42℃，食欲缺乏，嗜睡且虚弱，蜷缩在一起，呼吸频率增加。高毒力毒株感染，死亡常发生在 6～9 天，中等毒力毒株感染通常为 11～15 天。家养猪的致死率达 90%～100%。在野猪和野生家猪中也有同样的现象。急性型容易与其他疫病相混淆，主要是经典猪瘟、猪丹毒、沙门菌病以及其他病因引起的败血症。受感染的猪可能会不同程度地表现出一种或几种不同比例的临床症状：在耳朵、后腿部位出现青紫区和出血点（斑点状或片状），眼和鼻有分泌物，胸部、腹部、会阴、尾巴和腿部皮肤发红，便秘或腹泻，呕吐，妊娠母猪在孕期各个阶段流产，鼻子／口腔有血液泡沫，尾巴周围的区域可能被有带血的粪便污染。

图 98　耳朵蓝紫，全身发红

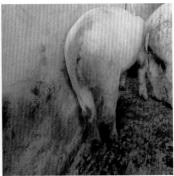

图 99　皮肤发红，臀部发紫

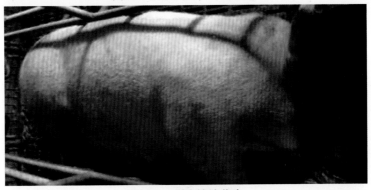

图 100　母猪精神萎靡

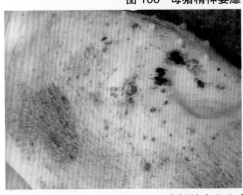

图 101　腹部的出血斑点

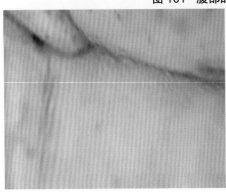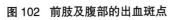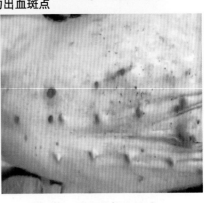

图 102　前肢及腹部的出血斑点　　　图 103　腹部的出血斑点

图 104　育肥猪皮肤发红、体温升高

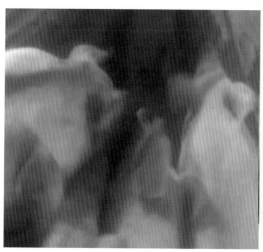
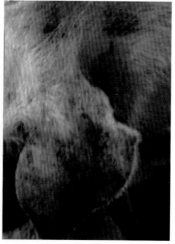

图 105　育肥猪耳朵发紫

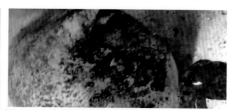

图 107　急性育肥猪排黑色血便，很快死亡

图 106　育肥猪后躯发紫

图 108　急性死亡母猪血便

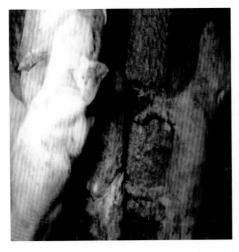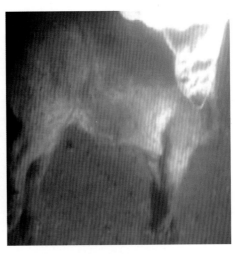

图 109 哺乳仔猪腹泻，急性死亡　　　图 110 育肥猪无症状急性死亡

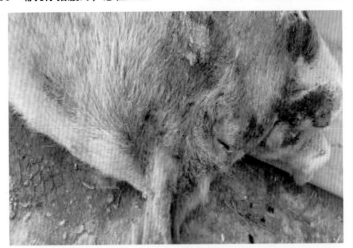

图 111 眼圈发黑

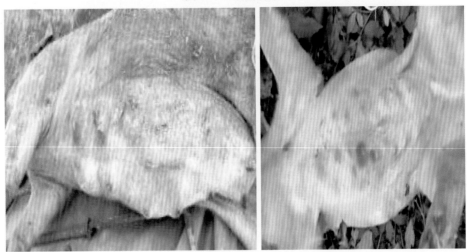

图 112 死亡哺乳母猪乳腺瘀血，育肥猪腹部紫斑

（三）亚急性型

由中等毒力的毒株引起，可能发生在流行地区。猪通常在 7～20 天内死亡，致死率 30%～70% 不等。幸存的猪可能在 1 个月后恢复。临床症状与急性型观察到的临床症状相似（虽然通常不强烈），除较为明显的血管病变，主要是出血和水肿。常见不同程度的发热，伴随着消沉和食欲缺乏。行走时可能会出现疼痛，关节通常会因积液和纤维化而肿胀。可能有呼吸困难和肺炎的迹象。妊娠母猪可能流产。

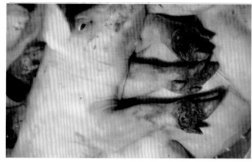
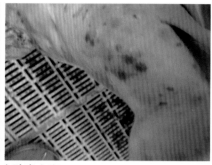

图 113　关节炎，皮肤出血斑

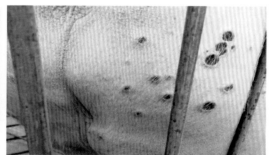

图 114　耳朵紫斑，后躯烂斑

（四）慢性型

通常死亡率低于 30%。长期存在非洲猪瘟的国家，如西班牙、葡萄牙和安哥拉，已有该类型的报道。慢性形态或源于自然致弱的病毒，或疑似来自 20 世纪 60 年代伊比亚半岛失败的弱毒疫苗田间试验。临床症状为感染后 14～21 天开始轻度发热，伴随轻度呼吸困难和中度至重度关节肿胀，通常还出现皮肤红斑、凸起、坏死。

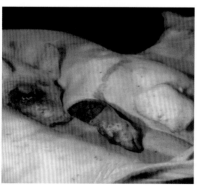

图 115　关节肿大，皮肤坏死溃烂

三、病理变化

（一）急性型

主要是内脏各器官和皮肤的出血性败血性变化。淋巴结（特别是胃肠和肾）增大、水肿及整个淋巴结出血。脾脏显著肿大（一般情况下是正常脾的 3～6 倍）、脆化，圆形边缘变深红色甚至黑色。肾脏包膜上有瘀点（斑点状出血）。皮下出血。过量液体存于心脏（具有淡黄色流体的心包积水）和体腔（水肿、腹水）。心脏面（心外膜）、膀胱和肾脏（皮层和肾盂）的出血点。肺可能出现充血和瘀点，气管和支气管有泡沫严重肺泡和间质性肺水肿。胃、小肠和大肠中有过量的凝血。肝充血或胆囊出血。

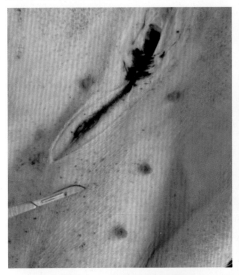

图 116　皮肤及皮下出血

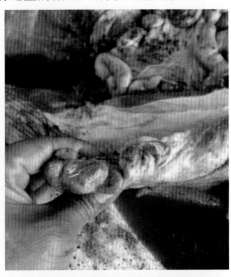

图 117　腹股沟淋巴结肿大出血

图 118　病死猪脾脏显著肿大、出血

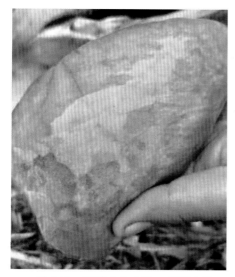
图 119　肺脏充血水肿，表面光滑

图 120　肺脏切面充血、出血

图 121　肺脏间质增宽、出血

图 122　心脏外膜（冠状脂肪、冠状沟），肺脏出血

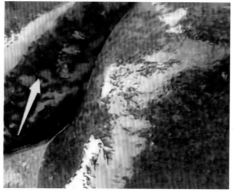
图 123　脾脏显著肿大、出血、质脆

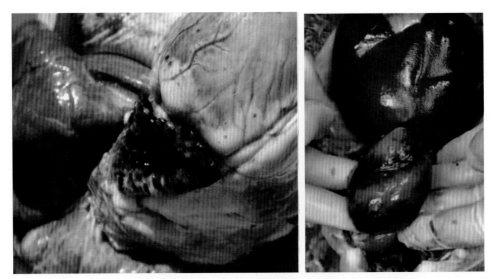

图 124　心耳、心脏外膜出血

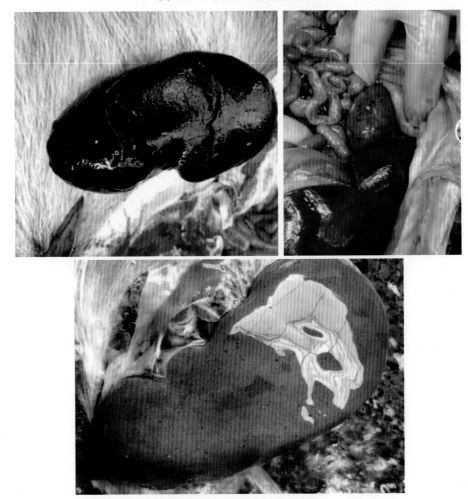

图 125　肾脏充血、出血、水肿

图 126　肾脏实质性出血

图 127　气管充满黏液

图 128　会厌、喉头充血、出血

图 129　气管内充满泡沫样液体

图 130　急性胃黏膜、小肠浆膜出血

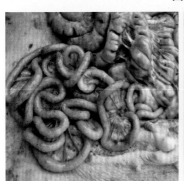
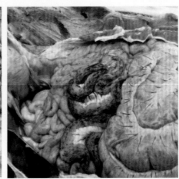

图 131　小肠浆膜、肠系膜、淋巴结严重出血

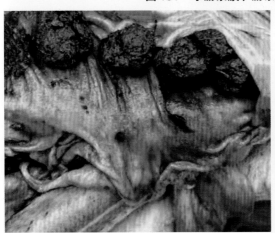
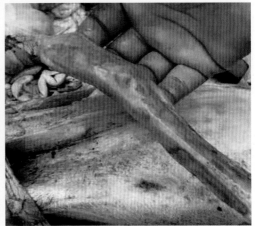

图 132　结肠、直肠出血

（二）慢性型

剖检显示肺部干酪样坏死（有时伴有局部钙化）的肺炎、纤维素性心包炎，以及淋巴结（主要是纵隔淋巴结）肿大、局部出血。浆液性心包炎（心脏周围液体充盈）经常发展成更严重的纤维素性心包炎。

四、诊断

根据流行特点、临床症状和病理变化可做出初步诊断。但确诊还需进行实验室病原学诊断（荧光 PCR）。

病料样品采集，病毒分离鉴定应采集抗凝全血（在发热初期采集，抗凝剂用肝素钠按 10 国际单位／毫升或 EDTA 按 0.5% 添加）、脾、肾、扁桃体、淋巴结（2～5 克）冷藏保存或送检，但不能冻结。血清学试验应采集发病猪及同群猪的血清样品（感染后8～12 天，处在恢复期猪的血清）。

五、防控措施

目前没有治疗非洲猪瘟的特效药物，也没有有效的疫苗预防。所以最佳的方式仍然是预防（生物安全和卫生措施）和对暴发病例适宜的控制措施（报告、严格的隔离措施、扑灭）。生物安全措施是必需的，如避免用泔水喂猪，对新引进动物进行隔离，并在不同组群之间采用隔墙。

第四节　猪乙型脑炎

猪乙型脑炎又称日本乙型脑炎，简称乙脑，是人畜共患、虫媒传播的急性病毒性传染病。该病属自然疫源性疾病，多种动物均可感染，其中人、猴、马和驴感染后出现明显的脑炎症状，病死率较高，猪群感染最为普遍，其他动物呈隐性感染。猪乙脑的特征是妊娠母猪流产和产死胎，公猪发生睾丸炎，育肥猪持续高热和新生仔猪呈现典型脑炎症状。

本病的地理分布主要限于日本、韩国、印度、越南、菲律宾、泰国、缅甸和印度尼西亚等亚洲地区。我国大部分地区也经常发现该病。

本病病毒对外界抵抗力不强，56℃ 30 分钟或 100℃ 2 分钟可灭活，-70℃可存活数年，在 pH 7 以下或 pH 10 以上活性迅速下降，对酸、胰酶、乙醚和氯仿敏感，一般消毒药如 2% 氢氧化钠、3% 煤酚皂溶液、碘酊等对它都有效。

一、流行病学

马、猪、牛、羊、鸡、鸭等多种动物和人都可感染，感染后都可能出现病毒血症。但除人、马和猪外，其他动物多为隐性感染，不同品种、性别、年龄的猪均可感染，幼猪较易发病，初产母猪发病率高，流产、产死胎等症状也严重。

病畜和带毒畜是主要传染源，不论有无临床症状，均在感染初期出现短暂的病毒血症，成为危险的传染源。家畜中以猪的数量多，繁殖更新快，总保持有大量新的易感猪，在散播病毒方面的作用最大。同时由于猪群感染率几乎可达 100%，病毒感染后可长期存在于中枢神经系统、脑脊液和血液中，病毒血症的持续时间也较长，因此猪是乙脑病毒最主要的扩散和贮存宿主，人和其他动物的乙脑病毒感染主要来自猪。马属动物特别是幼驹对本病非常易感，多数呈温和型隐性经过，只有少数出现临床症状，病死率较低，但感染马通常为该病毒的终末宿主。乙脑病毒可在苍鹭和蝙蝠等动物体内长期增殖而不引起发病，在越冬的蚊子体内长期存活并可传递给后代。这些情况是该病毒在自然界长期存在的主要原因。

乙脑主要通过蚊子叮咬而传染，蚊子感染乙脑病毒后可终身带毒，并且病毒可在蚊子体内增殖经卵传代，随蚊子越冬，成为次年感染猪的传染源，因此蚊子不仅是传播媒介，也是一种储存宿主，乙脑病毒通过蚊—猪—蚊的传播循环得以传代。公猪精液带毒，也可通过交配传播。

本病发生具有明显的季节性，与当地蚊虫的活动有关。在蚊子猖獗的夏秋季节（7～9月）发病严重。乙脑发病具有高度散发的特点，但局部地区的大流行也时有发生。

二、临床症状

人工感染潜伏期一般为3～4天，自然感染的潜伏期2～4天，临床表现突然发病，体温升高至40～41℃，稽留几天至十几天。精神沉郁，食欲减退，饮欲增加，喜卧嗜睡，结膜潮红，粪便干燥，尿呈深黄色。磨牙，口流白沫，转圈，视力障碍，盲目冲撞，倒地不起而死亡，有的后肢关节肿胀而跛行。仔猪可发生神经症状。

妊娠母猪突然发生早产、流产，产木乃伊胎、死胎、弱仔等。死胎大小不等，小的如人的拇指，大的与正常胎儿相差无几。弱仔产下后几天内出现痉挛症状，抽搐死亡。母猪流产后，症状很快减轻，体温、食欲慢慢恢复。也有部分母猪流产后，胎衣滞留，发生子宫炎，发热不退，并影响下次发情和怀孕。

公猪发病体温升高后，可出现单侧或双侧的睾丸炎，睾丸肿大、发红、发热、手压有痛感，肿胀常呈一侧性，也有两侧睾丸同时肿胀的，肿胀程度不等，一般多大于正常0.5～1倍，大多患病2～3天，肿胀消退，逐渐恢复正常。少数患猪睾丸逐渐萎缩变硬，性欲减退，精子活力下降，失去配种能力而淘汰。病猪可以通过精液排出病毒。

图133 育肥猪倒地　　　　　　　　图134 病猪跛行

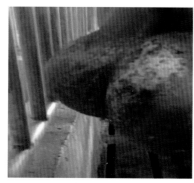

图135 公猪一侧睾丸肿大

三、病理变化

流产母猪子宫内膜充血、水肿，并覆有黏稠的分泌物，少数有出血点。发高热、产死胎的子宫黏膜下组织水肿，胎盘呈现炎性浸润。

早产或产出的死胎根据感染的阶段不同而大小不一。部分死胎干缩，颜色变暗成为木乃伊胎。产下的死胎皮下多有出血性胶样浸润，有些头部肿大，腹水增加，各实质器官变性，有散在出血点，血凝不良。

公猪睾丸肿大，切面潮红充血、出血，坏死、萎缩的睾丸多硬化，并与阴囊粘连。

临床出现神经症状的病猪，可见到脑膜和脊髓膜充血、出血、水肿，脑实质有点状出血或不同大小的软化灶。

四、诊断

根据流行特点、临床症状可做出初步诊断，但确诊需要按照《流行性乙型脑炎诊断技术》（GB/T 18638—2021）进行实验室诊断。

病料样品采集：采集流行初期濒死或死亡猪的脑组织材料、血液或脑脊髓液。若不能立即检验，应置于 -80℃保存。

五、防控措施

本病目前尚无特效疗法。根据本病发生和流行的特点，消灭蚊子和免疫接种是预防本病的重要措施。

（一）免疫接种

在该病流行地区，每年于蚊虫活动前 1～2 个月，对后备和生产种猪进行乙型脑炎弱毒疫苗或灭活疫苗的免疫接种。第一年以 2 周的间隔注射 2 次，以后每年注射 1 次。

（二）消灭蚊虫

在蚊虫活动季节，注意饲养场的环境卫生，经常进行沟渠疏通以排除积水、铲除蚊虫滋生地，同时进行药物灭蚊，冬季还应设法消灭越冬蚊。

（三）扑灭措施

发生乙脑疫病时，按《中华人民共和国动物防疫法》及有关规定，采取严格控制、扑灭措施，防止疫病扩散。患病动物予以扑杀并进行无害化处理，死猪、流产胎儿、胎衣、羊水等，均须无害化处理，污染场所及用具应彻底消毒。

六、公共卫生学

带毒猪是人乙型脑炎的主要传染源，往往在猪乙型脑炎流行高峰过后 1 个月便出现人乙型脑炎的发病高峰。患者表现高热、头痛、昏迷、呕吐、抽搐、口吐白沫、共济失调、颈部强直，儿童发病率、病死率均高，幸存者常留有神经系统后遗症。在流行季节到来之前，加强人体防护，做好卫生防疫工作对防控人感染乙型脑炎特别重要。

第五节　猪细小病毒病

猪细小病毒病是由猪细小病毒引起的猪的一种繁殖障碍性传染病。其特征是受感染母猪，特别是初产母猪产死胎、畸形胎、木乃伊胎，偶有流产。目前没有发现非怀孕母猪感染后出现临床症状或造成经济损失的报道。

猪细小病毒对环境的抵抗力极强，56℃ 48 小时、70℃ 2 小时处理仍不能将其杀灭，在 80℃经 5 分钟才能使其灭活。急性感染猪分泌物和排泄物中的病毒可在污染猪舍中存活 9 个月之久。病毒耐酸范围大，pH 3～9，经 90 分钟仍稳定；pH 2 时，90 分钟才能将其灭活。0.5% 漂白粉、2% 氢氧化钠、0.3% 次氯酸钠溶液 5 分钟可杀死病毒。

一、流行病学

猪是唯一的易感动物。不同年龄、品种、性别的家猪和野猪均可感染。

感染的公猪、母猪和持续性感染的外表健康猪、感染或死亡的胎儿、木乃伊胎，或产出的仔猪都带毒，是本病的主要传染源。污染的猪舍是病毒的贮存场所。感染猪排毒可达数月，病毒可通过多种途径排出体外。感染母猪由阴道分泌物、粪、尿及其他分泌物排毒，公猪随精液排毒。妊娠 55 天前感染的母猪，所产仔猪出现免疫耐受而呈现该病毒的持续感染状态，体内检测不到特异性抗体存在，这种仔猪会终生带毒和排毒。

本病主要通过直接接触或接触被污染的饲料、水、用具、环境等经消化道传染，也可经配种传播，妊娠母猪可通过胎盘传给胎儿。猪在出生前后最常见的感染途径分别是胎盘和口鼻。通过呼吸道感染也是非常重要的途径。

本病呈地方流行性或散发，多发生于产仔旺季，以头胎妊娠母猪发生流产和产死胎的较多。细小病毒在世界各地的猪群中广泛存在，几乎没有母猪免于感染，细小病毒一旦传入猪场则连续几年不断出现母猪繁殖障碍。因此，大部分小母猪怀孕前已受到自然感染，产生了主动免疫，甚至可能终生免疫。

二、临床症状

仔猪和母猪感染本病后，通常都呈亚临床症状，在体内许多器官和组织中都能发现该病毒。细小病毒感染主要的（通常也是唯一的）临床表现为母猪的繁殖障碍，取决于发生病毒感染母猪的妊娠时期。如果感染发生在怀孕早期，可造成胚胎死亡，母猪可能再度发情，也可能既不发情也不产仔，也可能每胎只产出几个仔猪或产的胎儿大部分都已木乃伊化；如果感染发生在怀孕中期或后期，胚胎死亡后胎水被母体重新吸收，母猪腹围逐渐缩小，最后可出现木乃伊胎、死胎或流产等。妊娠 30 ～ 50 天感染主要产木乃伊胎，妊娠50 ～ 60 天感染主要产死胎，至于木乃伊化程度，则与胎儿感染死亡日龄有关：早期死亡，则产生小的、黑色的、枯僵样木乃伊；如晚期死亡，则产生大的木乃伊；死亡愈晚，木乃伊化的程度愈低。怀孕70 天后感染，母猪多能正常生产，但产出的仔猪带毒，有的甚至终身带毒而成为重要的传染源。细小病毒感染引起繁殖障碍的其他表现还有母猪发情不正常、返情率明显升高、新生仔猪死亡、产出弱仔、妊娠期和产仔间隔延长等。病毒感染对公猪的受精率或性欲没有明显的影响。此外，本病还可引起母猪发情不正常，久配不孕。

图 136　母猪流产的弱胎、死胎、迟产胎及木乃伊胎

三、病理变化

怀孕母猪感染后，缺乏特异性的可见病变，仅见母猪轻度子宫内膜炎，胎盘部分钙化，胎儿在子宫内有被溶解吸收的现象。受感染的胎儿可见不同程度的发育障碍和生长不良，胎儿充血、水肿、出血、胸腹腔有淡红色或淡黄色渗出液、脱水（木乃伊胎）及坏死等病变。组织学病变为母猪的妊娠黄体萎缩，子宫上皮组织和固有层有局灶性或弥散性单核细胞浸润。死亡胎儿多种组织和器官有广泛的细胞坏死、炎症和核内包涵体。其特征性组织病变是大脑灰质、白质和软脑膜出现非化脓性脑膜脑炎的变化，内部有以外膜细胞、组织细胞和浆细胞形成的血管套。

四、诊断

根据流行病学、临床症状和病理变化可初步诊断。当猪场中出现以胎儿死亡、胎儿木乃伊化等为主的母猪繁殖障碍，而母猪本身及同一猪场内公猪无变化时，可怀疑为该病。此外，还应根据本场的流行特点、猪群的免疫接种以及主要发生于初产母猪等现象进行初步诊断。但应注意与猪伪狂犬病、猪乙型脑炎、衣原体感染、猪繁殖与呼吸综合征、温和型猪瘟和布鲁氏菌病区别，最后确诊必须依靠实验室检验。

病料样品采集：流产胎儿、死亡胎儿的肾、脑、肺、肝、睾丸、胎盘、肠系膜淋巴结或母猪胎盘、阴道分泌物。

五、防控措施

本病目前尚无有效的治疗方法，应在免疫预防的基础上，采取综合性防控措施。

（一）免疫预防

由于细小病毒血清型单一及其高免疫原性，因此，疫苗接种已成为控制细小病毒感染的一种行之有效的方法，目前常用的疫苗主要有灭活疫苗和弱毒疫苗。

（二）综合防控，严防传入

坚持自繁自养的原则，如果必须引进种猪，应从未发生过本病的猪场引进。引进种猪后应隔离饲养半个月，经过2次血清学检查，HI效价在1：256以下或为阴性时，再合群饲养。

加强种公猪检疫，种公猪血清学检查阴性，方可作为种用。

在本病流行地区，将母猪配种时间推迟到9月龄后，因为此时大多数母猪已建立起主动免疫，若早于9月龄配种，需进行HI检查，只有具有高滴度的抗体时才能进行配种。

（三）疫情处理

猪群发病后应首先隔离发病动物，尽快做出确诊，划定疫区，制定扑灭措施。对猪的排泄物、分泌物和猪舍、环境、用具等进行彻底消毒。扑杀发病母猪、仔猪，尸体无害化处理。发病猪群，其流产胎儿中的幸存者或木乃伊同窝的幸存者，不能留作种用。由于猪细小病毒对外界物理和化学因素的抵抗力较强，消毒时可选用福尔马林、氨水等消杀剂。

第六节　高致病性猪蓝耳病

高致病性猪蓝耳病是由美洲型猪繁殖与呼吸综合征（俗称蓝耳病）病毒变异株（以下简称变异株）引起的一种急性高致死性疫病。不同年龄、品种和性别的猪均能感染，但以妊娠母猪和1月龄以内的仔猪最易感。该病以母猪流产、死胎、弱胎、木乃伊胎以及仔猪呼吸困难、败血症、高死亡率为特征。仔猪发病率可达100%、死亡率可达50%以上，母猪流产率可达30%以上，育肥猪也可发病死亡。

对分离的病毒全序列测序表明，病原的基因序列变化主要是在NSP2区缺失了30个氨基酸，其中仅在一段基因序列中连续缺失29个氨基酸。在研究中发现有部分病例变异株和经典株同时存在，协同致病。

变异株对外界的抵抗力不强，对高温、紫外线、多种消毒药敏感，容易被杀死。热稳定性差，56℃存活15～20分钟，37℃存活10～24小时。pH高于7或低于5时，感染力可降低90%以上。但病毒存在于有机物中时，能存活较长时间。

一、流行病学

自然条件下，猪是唯一的易感动物。目前许多国家家猪及野猪均有报道。各种年龄的猪均具有易感性，但以孕猪（特别是怀孕90日龄后）和新生仔猪最易感。目前尚未发现其他动物对本病有易感性。

感染猪和康复带毒猪是主要的传染源。康复猪在康复后的15周内可持续排毒，超过5个月还能从其咽喉部分离到病毒，病毒可以通过鼻和眼分泌物、胎儿及子宫甚至公猪的精液排出，感染健康猪，空气传播是本病的主要传播方式。本病主要通过呼吸道或通过公猪的精液在同猪群间进行水平传播，也可以进行母子间的垂直传播，此外，风媒传播在本病流行中具有重要的意义，通过气源性感染可以使本病在3 000米以内的猪场中传播。鸟类、野生动物及运输工具也可传播本病。

新疫区常呈地方性流行，而老疫区则多为散发性。由于不同分离株的毒力和致病性不同，发病的严重程度也不同，许多因素对病情的严重程度都有影响，如猪群的抵抗力、环境、管理、猪群密度以及细菌、病毒的混合感染等。康复猪通常不再发生感染。

本病以2006年夏季在我国中南部的发生最为严重，在以后的秋冬季节迅速向西、北方各地延伸，2007年春天除了2006年发生过该病的一些老疫区重新抬头外，在一些新疫区也出现流行。该病一年四季均可发生，但危害程度和传播速度较上一年夏季有所减弱。该病流行范围广，发病地区多。到目前为止，该病已在我国的26个省出现流行，流行范围已涉及我国的东、西、南、北、中部各地。大、中、小型猪场以及农户散养猪均有感染发病。发病率较高，有的几乎100%发病。病死率较高，一般为50%，有的可以达到80%以上。

各种年龄、各种品种、不分大小和性别都可感染发病。但有所不同的是，2006年夏天，种公猪和繁殖母猪发病死亡较多，2006年冬、2007年春则主要表现为断奶仔猪的严重感染死亡，成年种猪和育肥猪虽有发病，但死亡明显减少。本病复发率较高，约占10%。土猪比良种猪容易康复，治疗效果更好一些。

二、临床症状

起初个别猪发热，随后迅速传播至大部分猪，体温升至40～41.5℃，出现突然死亡。病猪精神沉郁，采食量下降，发病严重者，食欲废绝，嗜睡，呕吐，腹泻，流鼻涕，呼吸困难。病猪耳后耳缘发紫，腹下和四肢末梢等身体多处皮肤有斑块状、呈紫红色，多数发病猪在腿部有小型扣状溃疡或结痂。耳朵出血，有的呈现蓝色，有的出现紫斑。病猪呼吸困难，喜俯卧，部分猪出现严重的腹式呼吸，气喘急促，有的表现喘气或呈不规则呼吸；部分患猪流鼻涕，打喷嚏，咳嗽，眼分泌物增多，出现结膜炎症状；部分猪伴有腹泻。发病猪群死亡率很高，有的猪场达50%以上，其中以断奶仔猪最为严重。部分母猪在怀孕后期（100～110天）出现流产、死胎。

图 137　母猪呕吐

图 138　猪便秘，猪腹泻

　　病程稍长的病猪全身苍白，出现贫血现象，被毛粗乱，部分病猪后肢无力，个别病猪濒死前不能站立，最后全身抽搐而死。病程可达 15 天以上。

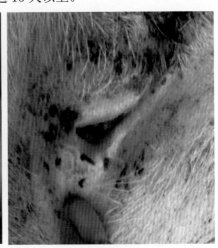

图 139　母猪卧姿　　　　　　图 140　母猪眼结膜发红，眼圈发暗

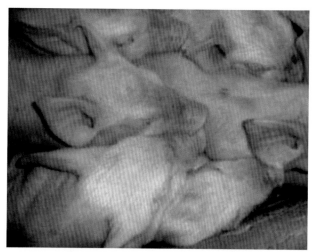

图 141 仔猪发热、挤堆，眼睑肿胀

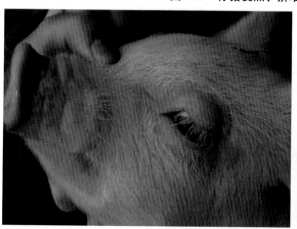

图 142 仔猪眼睑肿胀及上下眼睑被分泌物粘在一起

图 143 仔猪眼圈发黑

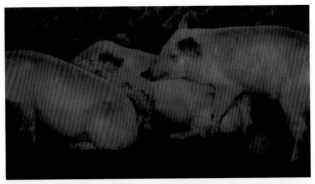

图 144　断奶仔猪精神萎靡不振

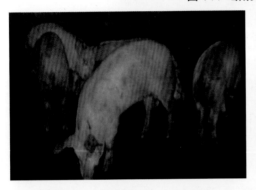

图 145　发病猪后躯、耳朵发紫

图 146　病死猪耳朵、后躯腹下发紫

图 147　病猪耳朵发紫

图 148　育肥猪耳朵发紫

图 149　猪抽搐

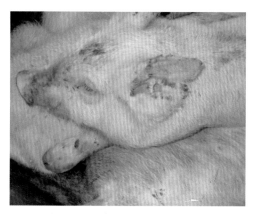
图 150 仔猪眼圈发黑，被毛粗乱

图 151 仔猪眼圈发黑，精神萎靡

三、病理变化

（一）淋巴结出血

所有猪淋巴结有出血的症状，有的腹股沟淋巴结、肠系膜淋巴结出血严重，有的腹股沟淋巴结只是肿大无出血现象，但是所有猪的肺门淋巴结出血。大理石外观为本病的特征之一。有的病死猪心壁上有出血点或出血斑，有的在心脏冠状沟处有胶冻样坏死。实验室感染发病时间较长的病例，心脏质硬。少数猪肝表面有纤维素性渗出物，有的有针尖大的出血点，有的胆囊充盈。有的病猪脾大、质脆，有的脾脏边缘出血。

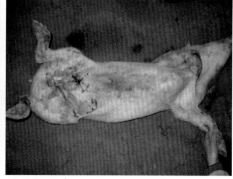
图 152 腹股沟淋巴结肿大

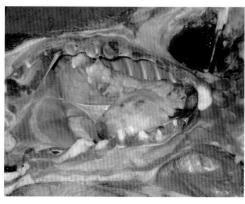
图 153 肺门淋巴结肿大出血

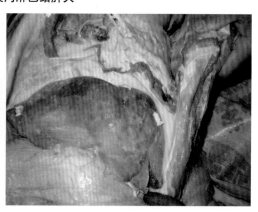
图 154 肝表面有纤维素性渗出物

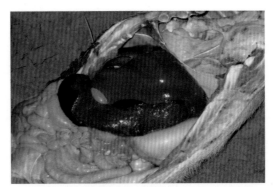

图 155 脾出血

（二）肾脏肿大，出血

急性型死亡的病例，可见到肾脏上布满大小不一弥散性出血点，表现为雀斑肾。胃肠道出血，大肠壁有出血点、出血块。多数发病猪的胃黏膜层发生不同程度的溃疡，有的胃的黏膜几乎全部脱落，在胃黏膜脱落处充血、出血严重，大部分猪幽门部有黑色干酪样坏死病变。

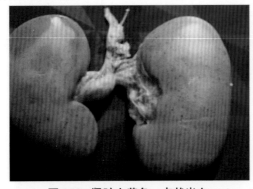

图 156 肾脏土黄色，点状出血

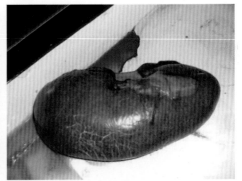

图 157 肾脏点状出血

（三）弥漫性间质性肺炎，肺肿胀、硬变

肺边缘发生弥散性出血，有的有类似于支原体肺炎的症状，在心叶和尖叶上出现肉变、胰变和出血性病变；有的肋面和膈面上有较多大小不一的棕红色出血灶；有的病例肺脏发生萎缩，苍白色，缺乏弹性，部分肺有硬块。

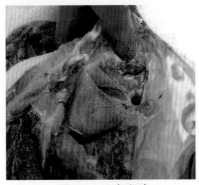

图 158 心包积液

图 159 间质性肺炎

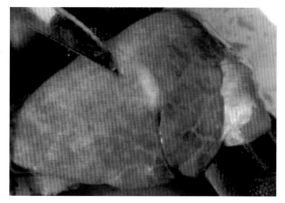
图 160　间质性肺水肿

图 161　肺脏斑块状出血

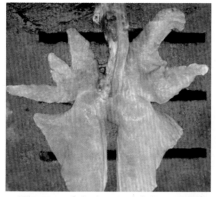
图 162　肺尖叶、心叶变长，似象鼻

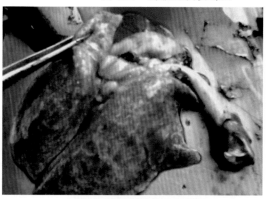
图 163　肺门淋巴结显著肿大

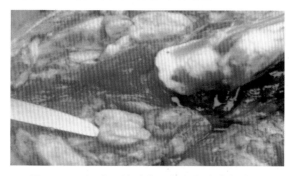
图 164　下颌淋巴结肿大、灰白色（青年猪）

图 165　结肠祥水肿

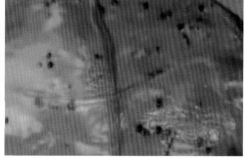
图 166　胎衣上的血疱

1. 最急性型：肺肿胀，切面外翻，肉眼可以观察到间质增宽。无论在肺脏的肋面或腹面，均可以见到从针尖到核桃大小的棕色或暗红色的出血点或出血块，心叶和尖叶可以见到肉变、胰变，不过肺脏的弹性较好。

2. 急性型：从发病到死亡时间较长的病例，肺脏的变化较为明显，肺的弹性减弱，出血点或出血块呈现暗红，发生肉变或胰变的区域明显增多。

3. 亚急性型：从发病到死亡时间长的病例，肺的变化更明显，肺脏颜色变白，肺脏已经几乎没有弹性，大部分肺泡塌陷、萎缩，有的地方出现块状突起，触之较硬。

四、诊断

根据该病的流行病学和临床症状，可以初步做出诊断。确诊必须经实验室诊断，诊断的方法有病毒分离、分子生物学诊断（RT-PCR）和基于血清学试验的免疫过氧化物酶细胞单层测定法（IPMA）、中和试验（SN）、ELISA、间接免疫荧光试验（ILFT）等进行诊断。

对于分子生物学诊断，可采用高致病性和经典蓝耳病二重 RT-PCR 鉴别诊断检测方法，通过一个 PCR 反应，可对样品中的高致病性和经典蓝耳病进行快速检测。也可扩增病毒的 NSP2 基因，测序后通过软件进行比较，证实本地的流行株是否在 NSP2 处发生缺失或缺失的区域是否与报道的缺失区域相同。

病料样品应采集血清、肺脏、淋巴结。

五、防控措施

由于该病传染性强、传播快，发病后可在猪群中迅速扩散和蔓延，给养猪业造成较大损失，因此应严格执行兽医综合性防疫措施加以控制。

（一）加强检疫措施

通过加强检疫措施，防止国外其他毒株传入国内，或防止养殖场引入阳性带毒猪。由于抗体产生后病猪仍然能够较长时间带毒，因此，通过检疫发现的阳性猪应根据本场的流行情况采取合理的处理措施，防止将病毒带入阴性猪场。在向阴性猪群中引入更新种猪时，应至少隔离 3 周并经抗体检测阴性后才能够混群。

（二）加强饲养管理

加强饲养管理和环境卫生消毒，降低饲养密度，保持猪舍干燥、通风，创造适宜的养殖环境以减少各种应激因素，并坚持全进全出制度。

（三）开展免疫接种

受威胁的猪群及时进行疫苗免疫接种。我国目前有高致病性蓝耳病灭活疫苗和活疫苗用于免疫，蓝耳病经典毒株和变异株同时感染的区域，用高致病性蓝耳病灭活疫苗和经典蓝耳病弱毒疫苗或灭活疫苗同时免疫，可有效地控制该病的流行。在高致病性蓝耳病流行地区，用高致病性蓝耳病活疫苗进行免疫，可取得较好的免疫效果。

（四）净化猪群

平时检疫猪群，发现阳性猪群，应做好隔离和消毒工作，污染群中的猪不得留作种用，应全部育肥屠宰，有条件的种猪场可通过清群及重新建群净化该病。

（五）科学治疗

发病猪群早期应用猪白细胞干扰素或猪基因工程干扰素肌内注射，1次/天，连用3天，可收到较好的效果。适当配合免疫增强剂以提高猪体免疫力和抵抗力，但不可同时联合应用多种免疫增强剂，避免增加治疗成本。无继发感染时应用抗生素治疗对本病的康复无任何效果，反而会加速病猪的死亡，有继发感染时可应用适当的抗生素以防治细菌病的混合或继发感染。

（六）及时处理疫情

正确处理疫情，防止疫情传播。发现本病后按照《高致病性猪蓝耳病防治技术规范》进行处理。

第七节 伪狂犬病

伪狂犬病是由伪狂犬病病毒引起的家畜和多种野生动物的一种急性传染病。除猪以外的其他动物发病后通常具有发热、奇痒及脑脊髓炎等典型症状，均为致死性感染，但呈散发形式。该病对猪的危害最大，可导致妊娠母猪流产、死胎、木乃伊胎，新生仔猪具有明显神经症状的急性致死。世界动物卫生组织将本病列为B类动物疫病，我国把其列为二类动物疫病。

本病最早发生于1813年美国的牛群，病牛极度瘙痒，最后死亡。因此，也被称为疯痒病。瑞士于1849年首次采用"伪狂犬病"这一名词，这是因为病牛的临床症状与狂犬病相似。1902年匈牙利学者Aujeszky证明本病由病毒引起，并报道了牛、猫、狗的病例，故命名为奥耶斯基病（Aujeszky's disease）。1933年Traud用组织培养方法分离病毒获得成功。目前，世界许多国家均有报道，且猪、牛及绵羊等动物的发病率逐年增加。我国自1948年报道首例猫伪狂犬病以来，已陆续有猪、牛、羊、貂、狐等发病的报道，尤其是近年来猪的感染和发病有扩大蔓延趋势，成为危害养猪业最严重的传染病之一。猪伪狂犬病是由疱疹病毒科猪疱疹病毒Ⅰ型伪狂犬病病毒所引起的以仔猪发热及神经症状、母猪流产为主要特征的一种急性传染病。

2011年以前主要是母猪和仔猪发病，以后发展到所有猪群，且发病率、死亡率居高不下，近年来该病在猪场的感染和发病有扩大蔓延趋势，可导致妊娠母猪流产、产死胎和木乃伊胎，新生仔猪具有明显神经症状的急性死亡，成为严重危害养猪业的传染病之一。该病属于免疫抑制病，对种猪的危害较大，2011年以来发生于我国的猪伪狂犬病疫情，除了给养猪业造成了巨大的经济损失外，还波及畜牧产业链上的羊、犬、狐狸等动物。

一、病原学

伪狂犬病病毒属于疱疹病毒科甲型疱疹病毒亚科，又名猪疱疹病毒Ⅰ型。病毒完整粒子圆形，直径150～180纳米，核衣壳直径为105～110纳米， 核衣壳至少由8种蛋白质组成，有囊膜和纤突。基因组由单分子双股线状DNA组成。病毒的毒力是由几种基因协同控制，主要有糖蛋白gE、gD、gI和TK（胸苷激酶）基因。研究发现TK基因一旦灭活，则 TK 缺失变异株对宿主的毒力将丧失或明显降低。因此，伪狂犬病基因工程疫苗株都是缺失以下一种或同时缺失几种基因，如 gE、gC、gG 和 TK 基因。糖蛋白 gE、gC 和 gD 在病毒免疫诱导方面起着重要作用。

伪狂犬病病毒只有一个血清型，但毒株间存在差异，不能用传统的血清学方法进行区分。目前区分强毒株和弱毒株是采用限制性内切酶（如 BamH I）对病毒基因组进行酶切，比较它们的图谱。这一方法尤其适用于流行病学研究，具有可靠性、重复性。

病毒具有泛嗜性，能在许多细胞中增殖，以兔肾和猪肾（包括原代细胞和传代细胞）最适于病毒的增殖。实验动物也可用于病毒的分离，虽然鸡胚对伪狂犬病病毒不很敏感，但同样可用于病毒的增殖培养。

病毒最初定位于扁桃体。在感染的最初 24 小时之内可从头部神经节、脊髓及脑桥中分离到病毒。用核酸探针或 PCR 可从康复猪的神经节中检出病毒。

病毒对外界抵抗力较强，在污染的猪舍能存活 1 个多月，在肉中可存活 5 周以上。在环境中的存活取决于 pH 的高低及温度的变化。在低温潮湿的环境下，pH 6～8 时最为稳定；而在 3～37℃，pH 4.3～9.7 的环境中 1～7 天便可失活；在干燥的条件下，尤其是直射阳光存在时，病毒很快失活；55℃ 50 分钟、80℃ 3 分钟，100℃ 瞬间即可将其杀死。-70℃ 适合于病毒培养物的保存，冻干的培养物可保存数年。该病毒对各种化学消毒剂敏感，一般常用的消毒药都有效。

二、流行病学

（一）易感动物

猪最易感，其他家畜如牛、羊、猫、犬、鼠、兔、貂、狐狸等也可自然感染，许多野生动物、肉食动物也易感染。除猪以外，其他所有易感动物的感染都是致死性的。人对本病有抵抗力。

（二）传染源

病猪、带毒猪以及带毒鼠类为本病的重要传染源，猪是伪狂犬病病毒的原始宿主和贮存宿主。康复猪可通过鼻腔分泌物及唾液持续排毒，但粪、尿不带毒。

（三）传播途径

本病的传播途径主要是食入污染病毒的饲料、气雾经鼻腔与口腔感染，也可通过交配、精液、胎盘传播，被伪狂犬病病毒污染的工作人员和器具在传播中起着重要的作用，有资料报道通过吸血昆虫叮咬也可传播本病。

病毒可通过直接接触传播，更容易间接传播，如吸入带病毒粒子的气溶胶或饮用污染的水等。健康猪与病猪、带毒猪直接接触可感染本病，大鼠在猪群之间传递病毒。病鼠或死鼠可能是犬、猫的传染源，犬、猫常因吃病鼠、病猪内脏经消化道感染，鼠可因吃进病猪肉而感染。

本病亦可经皮肤伤口感染，如猪感染本病后其鼻分泌物中有病毒，此时如用病猪鼻盘摩擦兔皮肤创面即可使之感染而发病。

疱疹病毒可通过持续感染代代相传。母猪感染本病后 6～7 天乳中有病毒，持续 3～5

天，仔猪可因吃奶而感染本病；妊娠母猪感染本病时，常可侵及子宫内的胎儿而引起垂直传播。

无论是野毒感染猪还是弱毒疫苗免疫猪都会导致潜伏感染。潜伏感染者虽然平时不存在感染的病毒粒子，但在机体受到应激因素或人工给予免疫抑制药物时，潜伏感染可被激活，导致感染性病毒通过鼻、口或生殖道分泌物排出。因此潜伏感染的流行病学意义极其重要，是该病传播过程中不可忽视的环节。牛常因接触病猪而发病，但病牛不会传染其他牛。

（四）流行因素及形式

本病的发生具有一定的季节性，多发生在寒冷的季节。病毒对猪的致病作用依赖于许多因素，包括感染猪的年龄、毒株、感染量以及感染途径等，通过脑内、鼻内、气管、胃、口腔和肌肉等途径接种，都可导致发病（Crandell，1982），其中以胃内接种猪的敏感性最低。哺乳仔猪日龄越小，发病率和病死率越高，随着日龄增长而下降。

2018年以前，尽管人们在猪场与感染猪群或在实验室与病毒广泛接触，但仍没有关于人感染伪狂犬病的报道。2019年由伪狂犬病病毒感染引起的人急性脑炎病例已有报道，河南省人民医院与河南省动物疫病预防控制中心合作首次发现从患者脑脊液中分离得到一株 PRV h SD-1/2019，表现出与当前我国猪群中流行的伪狂犬病病毒变异毒株相似的生物学特性，提醒广大生猪养殖、屠宰等相关行业的从业人员要做好自我防护，避免伤口暴露等潜在感染风险。

三、临床症状

潜伏期一般为3～6天，短者36小时，长者达10天。

临床表现主要取决于毒株和感染量，最重要的是感染猪的年龄。强毒株、弱毒株均可感染各种年龄的猪，强毒株感染均表现临床症状，而弱毒株只有2～3周龄以内的仔猪表现临床症状。与其他动物的疱疹病毒一样，幼龄猪感染伪狂犬病病毒后病情最重。神经症状多见于哺乳仔猪和断奶仔猪，呼吸症状见于育成猪和成年猪。

猪感染后其症状因日龄而异，但不发生奇痒。新生仔猪表现高热、神经症状，还可侵害消化系统。成年猪常为隐性感染，妊娠母猪常表现为流产、产死胎和木乃伊等。

图 167　新生仔猪神经症状

2周龄以内哺乳仔猪，病初发热（41℃），呕吐、下痢、厌食、精神不振，有的见眼球上翻，视力减退，呼吸困难，呈腹式呼吸，继而出现神经症状，发抖，共济失调，间歇性痉挛，角弓反张，有的后躯麻痹呈犬坐姿势，有的做前进或后退转动，有的倒地做划水运动。常伴有癫痫样发作或昏睡，触摸时肌肉抽搐，最后衰竭而死亡。有中枢神经症状的猪一般症状出现24～36小时死亡。哺乳仔猪的病死率可高达100%。

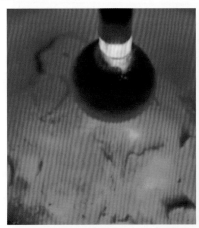

图168　新生仔猪伪狂犬病症状

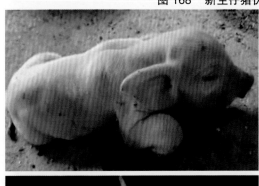

图169　空嚼、口吐白沫，观星状，转小圈

3～9周龄猪主要症状同前，但比较轻微，多便秘，病程略长，少数猪出现严重的中枢神经症状，导致休克和死亡。病死率可达40%～60%。部分耐过猪常有偏瘫和发育受阻等后遗症状，如果能精心护理，及时治疗，无继发感染，病死率通常不会超过10%，但出栏时间比其他猪长1～2个月。

图 170　上眼睑水肿

2 月龄以上猪以呼吸道症状为特征，表现轻微或隐性感染，一过性发热，咳嗽，便秘，发病率高达 100%，但无并发症时病死率低，为 1% ～ 2%。有的病猪呕吐，多在 3 ～ 4 天恢复。如体温继续升高，病猪又会出现神经症状，震颤、共济失调，头向上抬，背拱起，倒地后四肢痉挛，间歇性发作，呼吸道症状严重时，可发展至肺炎，剧烈咳嗽，呼吸困难。如果继发有细菌感染，则损失明显加重。

图 171　发热、挤堆，结膜发红　　　　**图 172　两前肢劈叉、后肢瘫痪**

怀孕母猪表现为咳嗽、发热、精神不振，流产、产死胎和木乃伊胎，且以产死胎为主。流产常发生于感染后的 10 天左右，新疫区可造成 60% ～ 90% 的怀孕母猪流产和产死胎。母猪临近足月时感染则产弱胎，接近分娩期时感染则所产仔猪出生时就患本病，1 ～ 2 天死亡。弱仔猪 1 ～ 2 天内出现呕吐和腹泻，运动失调，痉挛，角弓反张，通常在 24 ～ 36 小时内死亡。感染伪狂犬病病毒的后备母猪、空怀母猪和公猪病死率很低，不超过 2%。

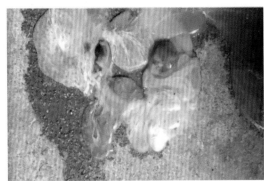
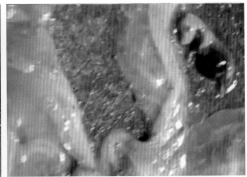

图173　母猪流产物

图174　腕关节弯曲着地

四、病理变化

一般无特征性病变。但经常可见浆液性到纤维素性坏死性鼻炎、坏死性扁桃体炎，口腔和上呼吸道局部淋巴结肿胀或出血。有时可见肺水肿以及肺部散在小坏死灶、出血点或肺炎灶。如有神经症状，脑膜明显充血、出血和水肿，脑脊髓液增多。另外，也常发现有胃炎、肠炎和肾脏表面的针尖状出血等变化。仔猪及流产胎儿的脑和臀部皮肤出血，肝、脾表面可见到黄白色坏死灶，心肌出血，肺出血坏死，肾脏出血坏死，扁桃体有出血性坏死灶。流产母猪有轻度子宫内膜炎。公猪有的表现为阴囊水肿。

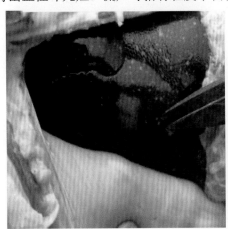
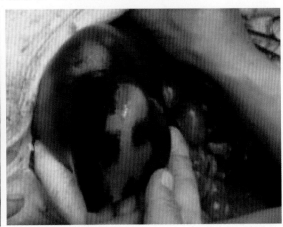

图175　肝脏表面黄白色坏死灶

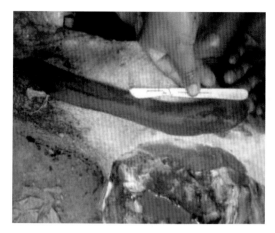

图 176　脾脏显著肿大

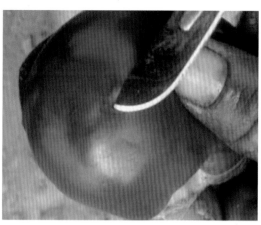

图 177　肾脏表面黄白色坏死灶

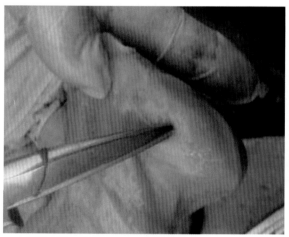

图 178　膀胱少量出血点

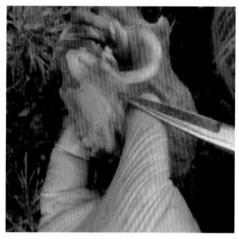

图 179　扁桃体周围滤泡坏死

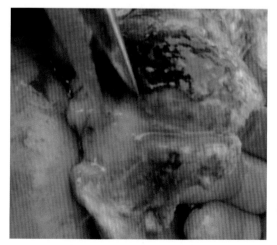

图 180　喉头出血坏死溃疡假膜

图 181　直肠淋巴滤泡坏死

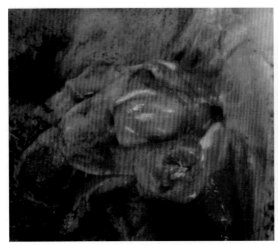

| 图 182 扁桃体喉头会厌周围组织炎症 | 图 183 脑血管破裂出血遗留下的血凝物 |

组织变化可见中枢神经系统呈弥漫性非化脓性脑膜炎和神经节炎，有明显血管套和胶质细胞坏死。病变部位的胶质细胞、神经细胞、神经节细胞出现嗜酸性核内包涵体，肺、肾、肾上腺及扁桃体等组织器官具有坏死灶，病变部位周围细胞可见与神经细胞一样的核内包涵体。

五、诊断

根据病畜典型的临床症状和病理变化以及流行病学资料，可做出初步诊断。但若只表现呼吸道症状，或者感染只局限于育肥猪和成年猪则较难做出诊断而容易被误诊。所以确诊本病必须按照《伪狂犬病诊断方法》（GB/T 18641—2018）进行实验室检查。

在国际贸易中，指定诊断方法为 ELISA 和病毒中和试验，无替代诊断方法。

（一）病料样品采集

用于病毒分离和鉴定一般采集流产胎儿、脑、扁桃体、肺组织以及脑炎病例的鼻咽分泌物等病料，隐性感染猪的三叉神经节是病毒最密集的部位。用于血清学检查，采集感染动物的血清。样品需冷藏送检。

（二）病毒分离和鉴定

采取流产胎儿、脑炎病例的鼻咽分泌物、脑、扁桃体、肺组织和潜伏感染者的三叉神经节，经处理后接种敏感细胞，在 24 ～ 72 小时内细胞折光性增强，聚集成葡萄串状，形成合胞体。可通过免疫荧光、免疫过氧化物酶或病毒中和试验鉴定病毒。初次分离若没有可见的细胞病变时，可盲传一代再次进行观察。无条件进行细胞培养时，可用疑似病料皮下接种家兔，伪狂犬病病毒可引起注射部位瘙痒，家兔于 2 ～ 5 天后死亡。亦可接种小鼠，但小鼠不如兔敏感。

（三）PCR 鉴定

利用 PCR 技术可从患病动物分泌物、组织器官等病料中扩增出伪狂犬病病毒基因，从而对患病动物进行确诊。与传统的病毒分离相比较，PCR 的优点是能够进行快速诊断且敏感性很高。

（四）组织切片荧光抗体检测

该法是一种检测组织中伪狂犬病病毒的快速、可靠的方法，首选的被检组织是扁桃体，脑、咽组织涂片也可应用。其优点是在1小时内出结果，对于具有典型伪狂犬病症状的新生猪，检验结果与病毒分离具有同效性。但对于育肥猪或成年猪，该法不如病毒分离敏感。

（五）血清学诊断

应用最广泛的有微量病毒中和试验、ELISA、乳胶凝集试验、补体结合试验、间接免疫荧光等。微量病毒中和试验的结果较为可靠，因而被用作标准的血清学诊断方法，该法主要用于滴定动物血清中的抗病毒抗体。ELISA可快速检测大量样品且敏感性、特异性高而逐渐取代病毒中和试验。另外，乳胶凝集试验也已被用于该病的诊断，而且是三种常用诊断方法中最为简单、快速的一种，尽管特异性稍差，但敏感性较高。

对血清学检测结果的分析应慎重，特别是对免疫猪和幼龄猪。仔猪的母源抗体可以持续存在到4周龄，对免疫母猪所生小猪的检测过早可能会误诊。

本病应与李氏杆菌病、猪脑脊髓炎、狂犬病等相区别。

六、防控措施

按照《猪伪狂犬病防治技术规范》实施。

（一）加强检疫和管理

引进动物时进行严格的检疫，防止将野毒引入健康动物群是控制伪狂犬病的一个非常重要和必要的措施，严格灭鼠，控制犬、猫、鸟类和其他禽类进入猪场，禁止牛、羊和猪混养，控制人员来往，搞好消毒及血清学监测对该病的防控都有积极的作用。

（二）免疫接种

我国预防牛、羊伪狂犬病的疫苗主要是氢氧化铝甲醛灭活苗，牛每次皮下注射8～10毫升，免疫期1年；羊每只皮下注射0.5毫升，免疫期半年。

猪伪狂犬病疫苗包括灭活疫苗和基因缺失弱毒苗。由于伪狂犬病病毒属于疱疹病毒科，动物感染后具有长期带毒和散毒的危险性，而且可以终身潜伏感染，随时都有可能被其他因素激发而引起暴发流行，因此欧洲一些国家规定只能在其动物群中使用灭活疫苗，禁止使用弱毒疫苗。我国在猪伪狂犬病的控制过程中没有规定使用疫苗的种类，但从长远考虑最好也只使用灭活疫苗。在已发病猪场或伪狂犬病阳性猪场，建议所有的猪群都进行免疫，其原因是免疫后可减少排毒和散毒的危险，且接种疫苗后可促进育肥猪群的生长和增重。

使用灭活疫苗免疫时，种猪（包括公猪）初次免疫后间隔4～6周加强免疫1次，以后每胎配种前注射免疫1次，产前1个月左右加强免疫1次，即可获得较好的免疫效果，并可使哺乳仔猪的保护力维持到断奶，留作种用的断奶仔猪在断奶时免疫1次，间隔4～6周后加强免疫1次，以后即可按种猪免疫程序进行。育肥仔猪在断奶时接种一次可维持到出栏。应用弱毒疫苗免疫时，种猪第一次接种后间隔4～6周加强免疫1次，以后每隔6个月进行1次免疫。

（三）根除措施

美国与欧洲许多国家自实施伪狂犬病的根除计划以来，已经取得了显著成效。这种根除计划是建立在合适的基因缺失苗及相应的鉴别诊断方法基础上的，一定地区对该病的根除计划成功与否取决于从感染群中剔除阳性感染者的力度，根据不同的国情，通常可选择的方法有：

1. 全群扑杀—重新建群法：即扑杀感染猪群的所有猪只，重新引入无感染的猪群。

2. 检测与剔除法：即通过抗体检测剔除猪群中所有野毒感染阳性的猪，因为它们是潜伏感染猪并可能向外界散毒。这种措施应经一定的时间间隔重复实施，直到猪群中再无野毒存在为止。

美国从 1989 年制订 10 年控制和扑灭本病工作计划，分五个阶段实施：①准备阶段，制订执行计划和工作安排。②对感染猪进行抗体普查，对阳性猪采取控制和净化措施。③对感染猪的确诊和强制扑灭，使流行控制在 10% 以下。④继续严密监控，必须达到 1年内不出现新的感染猪群，这阶段严禁使用疫苗。⑤建立无病毒阶段。

在根除伪狂犬病的过程中，具有突破性的技术是基因缺失苗的研制成功和与之相应的鉴别诊断 ELISA。目前缺失 gE、gC、gG 基因的疫苗已经投放市场，同时伴随的鉴别检测技术也已经完善。基因缺失苗免疫的动物，缺乏针对缺失基因编码蛋白所诱导的特异性抗体，而自然感染后则可以产生针对所有病毒蛋白的抗体，因而则将自然感染动物与基因缺失疫苗免疫动物区分开，从而选择性地进行淘汰。一些国家规定了商业公司对疫苗中哪一个或几个基因的缺失；而有些国家不同疫苗的缺失基因不同，这些疫苗在同一群体中应用时就无法鉴别，因为两种不同的基因缺失苗免疫后会产生所有糖蛋白的抗体，从而造成自然感染的假象。所以，了解所用疫苗的特性是很重要的，在同一群体中不能使用不同的基因缺失苗进行免疫。

（四）治疗

本病尚无有效药物治疗，紧急情况下用高免血清治疗，可降低病死率，但对已发病到了晚期的仔猪效果较差。猪干扰素用于同窝仔猪的紧急预防和治疗，有较好的效果；利用白细胞介素和伪狂犬病基因弱毒苗配合对发病猪群进行紧急接种，可在较短时间内控制病情的发展。

第八节　猪圆环病毒 2 型感染

猪圆环病毒 2 型感染是由猪圆环病毒 2 型所引起的一系列疾病的总称，包括猪断奶后多系统衰竭综合征、猪皮炎与肾病综合征、繁殖障碍、肺炎、肠炎、先天性震颤等。

1991 年，在加拿大北部地区的猪群中暴发了一种以断奶仔猪呼吸急促或困难、腹泻、贫血、明显的淋巴组织病变和进行性消瘦为主要特征的新的疾病，严重影响猪的生长发育，造成了巨大的经济损失，随后将其称为猪断奶后多系统衰竭综合征。Nayar 等 1997年从病猪体内分离猪圆环病毒 2 型，并用分离毒株试验感染悉生猪和普通猪，产生了与自然猪断奶后多系统衰竭综合征病例相一致的临床症状，因此确认猪圆环病毒2型是猪断奶后多系统衰竭综合征的病原。随后，许多国家如美国、德国、英国、法国、意大利、西班牙、捷克、爱尔兰、丹麦、荷兰、日本、韩国、泰国等纷纷报道了猪断奶后多系统衰竭综合征的发生和流行。在我国，2000年通过血清学调查证实了北京、河北、天津、江苏、上海等地的猪群中存在猪圆环病毒2型感染抗体。2001年，与猪圆环病毒感染相关的猪断奶后多系统衰竭综合征开始在南方地区流行，2002年全国各地规模化猪场暴发，给我国养猪业造成了相当大的经济损失。

目前，本病已经遍及世界各养猪国家，成为养猪生产中突出的问题之一。近期研究表明，猪圆环病毒与猪皮炎与肾病综合征、猪的流产和繁殖障碍、猪增生性坏死性肺炎和猪先天性脑震颤等的发生密切相关。猪圆环病毒2型常与猪繁殖与呼吸综合征病毒或猪细小病毒并发感染或继发细菌感染，使患病猪病情加重，死亡率升高。

一、病原

猪圆环病毒2型属圆环病毒科圆环病毒属，是一种小而无囊膜，二十面体，共价闭合、环状的单股DNA病毒，病毒粒子直径平均为17纳米，分子量为$0.58×10^6$Da。猪圆环病毒2型在氯化铯中浮密度为1.37克/厘米^3，蔗糖梯度离心的沉降系数为52S，对pH 3的酸性环境、氯仿作用或高温环境（70℃）有较强的抵抗力。不凝集牛、羊、猪、鸡等多种动物和人的红细胞。

猪圆环病毒2型可在PK15细胞上良好生长，但不产生细胞病变。也可在其他猪源细胞上生长，同样不产生细胞病变，用D-氨基葡萄糖处理接种后的细胞培养物30分钟，能够促进病毒的增殖。病毒在原代胎猪肾细胞、恒河猴肾细胞、BHK-21细胞上不能生长。

二、流行病学

猪是猪圆环病毒2型的天然宿主，各种年龄、不同性别的猪都可感染，但并不都能表现出临床症状。病猪和带毒猪是主要的传染源。经口腔和鼻内实验感染新生仔猪能复制出典型的病毒，易感猪与发病猪接触后亦可引起发病，证实猪圆环病毒2型可在猪群中水平传播。已有证据表明猪圆环病毒2型可通过胎盘垂直传播。

由猪圆环病毒2型感染所致的猪断奶后多系统衰竭综合征主要发生在哺乳期和保育期的仔猪，尤其是5～12周龄的仔猪，一般于断奶后2～3天或1周开始发病，急性发病猪群中，病死率可达10%。在发病猪群，常常由于并发或继发其他细菌（如副猪嗜血杆菌）或病毒感染而使猪死亡率大大增加，有时可高达50%以上。在疾病流行感染过的猪群中，发病率和死亡率都有所降低。

猪皮炎与肾病综合征主要发生于断奶仔猪和生长育肥猪，一般呈散发，死亡率低，由猪圆环病毒2型感染引起的繁殖障碍主要危害初产的后备母猪和新建的种猪群。

三、发病机制

猪圆环病毒2型感染的确切致病机制仍不是很清楚，这也是目前研究的热点。越来越多的研究表明，猪圆环病毒2型感染可造成猪体的免疫功能抑制。自然病例的外周血白细胞亚群的研究发现，发病猪血液中单核细胞和未成熟粒细胞增加，而CD4+T细胞和

B细胞数量减少，意味着急性发病猪的T细胞和B细胞的免疫功能受到影响，从而缺乏有效的免疫应答。现有的研究表明，一些病原体如猪细小病毒、猪繁殖与呼吸综合征病毒、猪多杀性巴氏杆菌、猪肺炎支原体等在猪圆环病毒2型的致病作用中起着协同致病作用。免疫刺激（如佐剂和疫苗）、环境因素（如氨气、内毒素）以及其他应激因素（如运输和猪的混群），也是促进猪圆环病毒2型感染发生猪断奶后多系统衰竭综合征的因素。

猪繁殖与呼吸综合征或猪细小病毒的存在可使单核（巨噬细胞）活化，从而增强了猪圆环病毒2型的复制功能。佐剂或疫苗的刺激作用同样活化了猪的单核（巨噬细胞）。对病毒的定量分析发现，发病猪体内病毒感染的细胞数量似乎总是高于带毒猪相对细胞的感染数量，或许猪体内的病毒含量达到一定数目后才表现出临床症状。这些试验结果表明，引发猪断奶后多系统衰竭综合征的直接原因虽然是猪圆环病毒2型，但是疾病的发生还需要其他致病因子的协同作用，这可以很好地解释为什么猪圆环病毒2型血清抗体检测阳性的猪群不一定发生猪断奶后多系统衰竭综合征。

免疫系统的刺激对激发猪断奶后多系统衰竭综合征是一个重要的因素。另一方面，在严重感染猪，淋巴组织病变如淋巴细胞缺如和淋巴细胞亚群的变化是该病的主要特征，因此，感染猪不能产生对其他免疫原的有效免疫应答，是此病的致病机制之一。

猪圆环病毒2型感染引起的猪皮炎与肾病综合征认为是由免疫反应介导的损害皮肤和肾肌的血管疾病。此外，一些病原体如多杀性巴氏杆菌和猪繁殖与呼吸综合征的混合感染可以诱导猪皮炎与肾病综合征。

四、临床症状

（一）猪断奶后多系统衰竭综合征

猪断奶后多系统衰竭综合征的临床症状有6个方面的基本表现，最常见的临床症状是消瘦或生长迟缓，这也是诊断猪断奶后多系统衰竭综合征所必需的。此外，还可见呼吸困难、淋巴结肿大、腹泻、贫血和黄疸。在一头猪身上可能不会表现上述所有的基本临床症状，但在发病猪群可以见到所有的症状。其他比较少见的临床症状有咳嗽、发热、胃溃疡、中枢神经系统障碍和突然死亡。一些临床症状可能与继发感染有关，或者完全是由继发感染所引起的。猪断奶后多系统衰竭综合征急性发病猪群，病死率可达10%。但常常由于并发或继发细菌或病毒感染而使死亡率大大增加。各种环境因素如拥挤、空气污浊、各种年龄的猪混养及其他各种应激因素也可能加重病情。

图184　病猪被毛粗乱

图185　病猪腹泻、黄疸

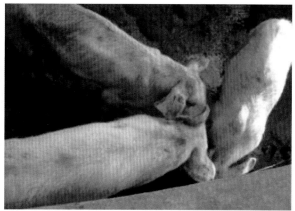

图186 病猪离群呆立，瘦弱，渐进性消瘦

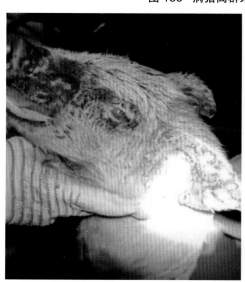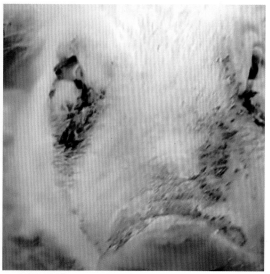

图187 一侧眼白增多

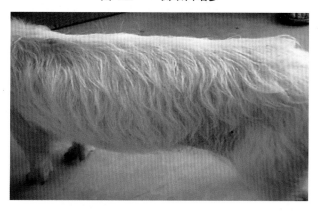

图188 断奶仔猪体瘦毛长

（二）猪皮炎与肾病综合征

猪皮炎与肾病综合征最常见的临床症状是猪皮肤上形成圆形或形状不规则呈红色到

紫色的病变,病变中央呈黑色,病变常融合成大的斑块。病变通常出现在猪的后腿、腹部,也可扩散至喉、体侧或耳。感染轻的猪可自行康复,感染严重的猪可表现出跛行、发热、厌食、体重下降。

图189　皮炎

图190　耳朵对称性皮炎

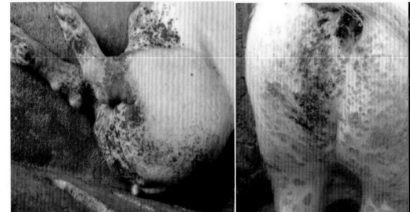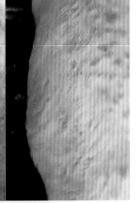

图191　皮炎与肾病综合征

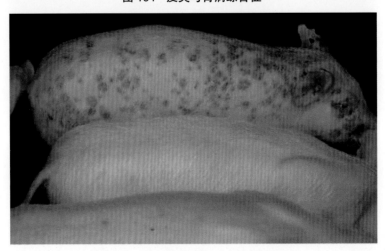

图192　病猪眼结膜粘连,鼻液增多

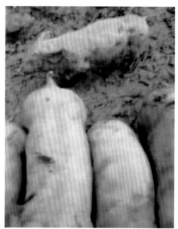

图 193　病猪渐进性消瘦（大小悬殊）

图 194　皮炎与肾病综合征（混合感染葡萄球菌性皮炎）及皮肤发红

（三）繁殖障碍

猪圆环病毒 2 型感染母猪可出现繁殖障碍，临床表现包括流产，产死胎、木乃伊胎和弱仔，仔猪断奶前死亡率升高。

（四）肺炎

已有一些研究和临床资料表明，猪圆环病毒 2 型与猪呼吸道疾病综合征有关，猪圆环病毒 2 型感染可以引起肺炎，并且猪圆环病毒 2 型在猪呼吸道疾病综合征中起着十分重要的作用。

（五）肠炎

已有越来越多的临床观察和诊断表明，猪圆环病毒 2 型感染可以引起肉芽肿性肠炎，猪表现为腹泻、消瘦。

（六）先天性震颤

临床上早已观察到猪的先天性震颤，近年来证实发生先天性震颤的新生仔猪大脑和脊髓中含有猪圆环病毒 2 型核酸和抗原。

图 195 新生仔猪先天性震颤（抖抖病）

五、病理变化

肉眼可见的病理损伤变化很大，常见的变化包括肺脏肿胀，间质增宽，质度坚硬或似橡皮，其上散在大小不等的褐色实变区，实变区可在肺脏的前下缘融合成片。全身淋巴结，特别是腹股沟、纵隔、肺门和肠系膜淋巴结显著肿大，切面为灰黄色，或有出血、肾脏灰白，皮质部散在或弥漫性分布白色坏死灶，大小由正常到显著扩大和肿胀。脾脏轻度肿胀。肝脏可能有中等程度的黄疸和／或明显萎缩伴有肝小叶融合。胃肠道有时呈现不同程度的损伤，胃的食管部黏膜苍白、水肿和非出血性溃疡，肠道尤其是回肠和结肠段肠壁变薄，肠管内液体充盈。继发细菌感染的病例可出现相应疾病的病理变化，如胸膜炎、心包炎、腹膜炎、关节炎等。

猪皮炎与肾病综合征病例在后肢和会阴部，乃至全身出现明显的坏死性皮炎；肾脏苍白，极度肿胀，皮质部有出血或瘀血斑点。

猪断奶后多系统衰竭综合征在疾病早期阶段，组织病理学变化表现为肺呈现局灶或弥散性间质性肺炎，慢性感染猪出现肉芽肿性间质性肺炎灶，可见许多巨细胞和多核合胞体细胞。淋巴细胞和组织细胞浸润到所有肺小叶，淋巴结、脾脏和扁桃体可见 B 细胞滤泡消失，T 细胞区域可能被组织细胞和多核细胞所扩张；B 细胞依赖区域单核细胞内多见的嗜碱性细胞质内包涵体可见于疾病早期；淋巴结可出现多灶性凝固性坏死，坏死细胞内出现嗜酸性核内包涵体。肾脏、肝脏和胰腺等也出现不同程度的淋巴细胞浸润、实质细胞变性等。

图 196 病猪腹股沟淋巴结肿大　　　　图 197 病猪脾脏卷曲

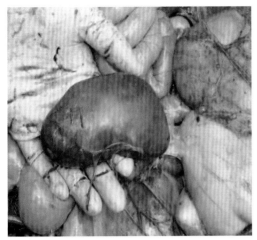
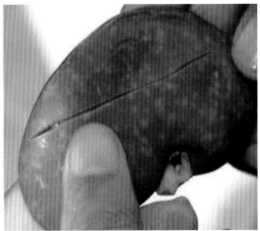

图 198　肾脏白斑

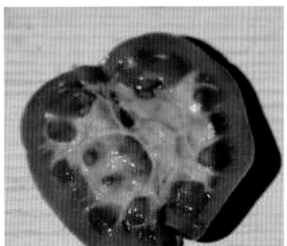

图 199　病猪脾脏卷曲，肾盂界线丧失

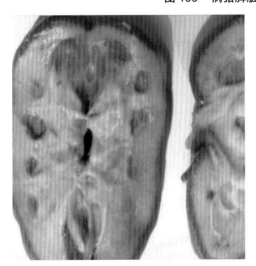
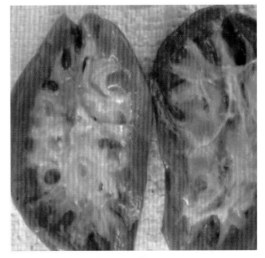

图 200　肾皮质缩小，肾髓质与皮质结缔组织增生、肌化

图 201　肠系膜淋巴结绳索样肿

六、诊断

由猪圆环病毒 2 型感染引起的断奶后多系统衰竭综合征，依据流行特点和临床症状、剖检病变，可以做出初步诊断，确切诊断需依靠实验室相关技术，而与猪圆环病毒 2 型感染有关的繁殖障碍、肺炎、肠炎等，仅靠临床症状是没有诊断价值的。

（一）临床诊断要点

猪断奶后多系统衰竭综合征主要发生在 5 ～ 12 周龄的仔猪，仔猪断奶前生长发育良好。

在一定时期内，猪场中同窝或不同窝的断奶仔猪既有呼吸道症状又有腹泻等表现，抗生素治疗无效或疗效不佳。病程长的猪生长发育迟缓、体重下降，有时出现皮肤苍白或黄疸。

死亡猪只剖检具有猪断奶后多系统衰竭综合征的病理变化，尤其是淋巴结肿胀，切面出血或呈灰黄色，脾脏轻度肿胀，肺脏肿胀，间质增宽，表面散在有大小不等的褐色实变区。其他脏器也可能有不同程度的病变和损伤。

（二）实验室诊断

1. 病毒的分离与鉴定：无猪圆环病毒污染的 PK15 细胞最常用于猪圆环病毒 2 型的分离。可取死亡猪的肺脏、淋巴结、肾脏、血清等作为病原的分离材料。由于猪圆环病毒 2 型在细胞培养中不产生细胞病变，因此，病料盲传 1 ～ 3 代后应进行猪圆环病毒 2 型抗原或核酸的检测加以鉴定。

2. 病毒的检测：可采用 PCR、原位核酸杂交、间接免疫荧光试验、间接免疫过氧化物酶试验等直接检测病料中的猪圆环病毒 2 型核酸或抗原。

3. 抗体检测：可采用 ELISA、免疫荧光抗体技术、免疫过氧化物酶单层试验等，检测猪血清中的猪圆环病毒 2 型抗体。但由于猪圆环病毒 1 型和猪圆环病毒 2 型之间存在抗原交叉反应，因此已有的方法不能完全区分猪圆环病毒 1 型和猪圆环病毒 2 型感染。制备猪圆环病毒 2 型特异性的单克隆抗体，或者特异性的重组抗原能够满足建立特异性血清学方法的需要。国内已建立了利用基因工程表达的猪圆环病毒 2 型重组蛋白作为抗原的 ELISA 抗体检测方法。

需要注意的是目前在临床上多种病原的合并感染十分普遍，因此在检测猪圆环病毒 2 型的同时，应同时检测其他病原体。

七、防控措施

迄今为止还没有控制和消灭猪断奶后多系统衰竭综合征及猪圆环病毒 2 型感染所致其他疾病的有效措施，也没有切实有效的商品化疫苗和药物用来防御猪圆环病毒 2 型感染。而且猪圆环病毒 2 型对常规消毒剂抵抗力很强，给猪场的净化工作带来了困难。目前，控制猪断奶后多系统衰竭综合征应采取综合性的措施。

（一）改变和完善饲养方式

做到养猪生产各阶段的全进全出，避免将不同日龄的猪混群饲养，从而减少猪群之间猪圆环病毒 2 型的接触感染机会。

（二）建立猪场完善的生物安全体系

将消毒卫生工作贯穿于养猪生产的各个环节。最大限度地减少猪场内污染的病原微生物，降低猪群继发感染的风险。由于猪圆环病毒 2 型对一般的消毒剂抵抗力强，因此，在消毒剂的选择上应考虑使用广谱的消毒药。

（三）加强猪群的饲养管理，降低猪群的应激因素

很多应激因素都可诱发、促进猪断奶后多系统衰竭综合征的发生和加重发病猪群的病情，导致死亡率上升，因此，应尽可能地减少猪群的应激因素，避免饲喂发霉变质或含有真菌毒素的饲料，做好猪舍的通风换气，改善猪舍的空气质量，降低氨气浓度。保持猪舍干燥，降低猪群的饲养密度。

（四）提高猪群的营养水平

由于猪圆环病毒 2 型感染可以导致猪群的免疫功能下降，因此，营养是影响猪断奶后多系统衰竭综合征的一个重要因素。通过提高猪群的蛋白质、氨基酸、维生素和微量元素等水平，提高饲料的质量，提高断奶猪的采食量，给仔猪饲喂湿料或粥料，保证仔猪充足的饮水，可以在一定程度上降低猪断奶后多系统衰竭综合征的发生率和造成的损失。

（五）采用完善的药物预防方案，控制猪群的细菌性继发感染

没有有效的药物可以用于猪断奶后多系统衰竭综合征的治疗，即使一些继发的细菌性疾病，治疗效果也不好，因此，应提前采用药物预防来控制细菌性继发感染。针对目前我国猪群中断奶后多系统衰竭综合征的发病特点和在实际生产中的应用效果，建议以下药物用于预防方案。

1. 仔猪用药：哺乳仔猪的三针保健是在 3、7、21 日龄注射长效土霉素（200 毫克／毫升），每次 0.5 毫升，或者在 1、7 日龄和断奶时各注射头孢噻呋（500 毫克／毫升）

0.2毫升；断奶前1周至断奶后1个月，用泰妙菌素（50克／吨饲料）＋金霉素或土霉素或多西环素（150克／吨饲料）＋阿莫西林（500克）拌料饲喂，或者添加2%氟苯尼考（1 000～1 500克／吨饲料）＋泰乐菌素（200～250克／吨饲料。继发感染严重的猪场，可在仔猪28、35、42日龄时各注射头孢噻呋（500毫克／毫升）0.2毫升。

2. 母猪用药：母猪在产前1周和产后1周，饲料中添加支原净（100克／吨饲料）＋金霉素或土霉素（300克／吨饲料）。

（六）做好猪场免疫接种

做好猪场猪瘟、猪伪狂犬病、猪细小病毒病、猪气喘病等疫苗的免疫接种。规模化猪场应提倡使用猪气喘病灭活疫苗免疫接种，有利于提高猪群呼吸道和肺脏的免疫力，可减少呼吸道病原体的继发感染。

（七）疫苗免疫接种

疫苗免疫接种被认为是防控圆环病毒病的有效手段，商品化疫苗的推广应用为有效防控中国猪圆环病毒2型的疫情发挥了重要作用。

在科学技术进步的条件下，疫苗陆续投产并于2010年以后逐步用于养猪生产，商品化的猪圆环病毒疫苗已经在预防猪断奶后多系统衰竭综合征和圆环病毒病上发挥了显著的作用，能显著改善猪圆环病毒2型感染猪群的临床症状，提高猪群生长性能。ORF2基因DNA疫苗和亚单位疫苗已显示出比较好的免疫效果，但临床应用具有癌变的风险；亚单位疫苗相对安全，但高昂的价格使其目前难以在养殖场大范围推广；灭活疫苗因保留了病毒最为完整的抗原决定簇，免疫原性独占优势。

根据国内当前主要流行毒株来看，猪圆环病毒2型b毒株疫苗的主导作用将日益明显。圆环疫苗市场价格普遍偏高是当前免疫范围相对较小的原因之一。随着商品化疫苗生产厂家的逐步增多，市场竞争将逐步加剧，疫苗价格也将有所下降。当猪场对猪瘟、高致病性猪蓝耳病、猪伪狂犬病、猪乙型脑炎、猪细小病毒病等繁殖障碍性疾病的控制水平提高后，猪圆环病毒2型的危害将凸显出来，把猪圆环病毒2型纳入常规免疫计划是未来的趋势。随着分子生物学技术和基因工程技术的发展，研制高效、价格低廉的新型疫苗是广大养殖户的共同期待。

第九节　猪传染性胃肠炎

猪传染性胃肠炎是由猪传染性胃肠炎病毒引起的猪的一种高度接触传染性肠道疾病。临床上以病猪呕吐、严重腹泻和脱水为特征，不同品种、年龄的猪都可感染发病，尤以2周龄以内仔猪、断奶仔猪易感性最强，病死率高，通常为100%；架子猪、成年猪感染后病死率低，一般呈良性经过。近年来发现，一些猪传染性胃肠炎病毒基因缺失毒株还可导致猪出现程度不等的呼吸道感染。

病毒不耐热，加热56℃45分钟或65℃10分钟即全部灭活；病毒对乙醚、去氧胆酸钠、次氯酸盐、氢氧化钠、甲醛、碘、碳酸以及季铵盐类等敏感；对日光照射敏感，粪便中的病毒在阳光下 6 小时即可灭活。

一、流行病学

各种日龄的猪均有易感性，10 日龄以内仔猪的发病率和死亡率很高，而断奶猪、育肥猪和成年猪的症状较轻，多数能自然康复，其他动物对本病无易感性。

病猪和带毒猪是本病的主要传染源，通过粪便、乳汁、鼻分泌物、呕吐物以及呼出的气体排出病毒，污染饲料、饮水、空气、土壤、用具等。猪群的传染多由于引入带毒猪或处于潜伏期的感染猪。该病主要经消化道传播，也可以通过空气经呼吸道传播。

本病的发生有明显的季节性，从每年的 11 月至翌年的 4 月发病最多，夏季很少发病。本病的流行形式是新疫区通常呈流行性发生，几乎所有年龄的猪都发病，10 日龄以内的猪病死率很高，但断奶猪、育肥猪和成年猪发病后多取良性经过，几周后流行即可能终止。

二、临床症状

本病的潜伏期短，一般为 18 小时至 3 天。传播迅速，能在 2～3 天内蔓延全群。但不同日龄和不同疫区猪只感染后的发病严重程度有明显差异，临床上分为流行型和地方流行型。

（一）流行型

该型主要发生于易感猪数量较多的猪场或地区，不同年龄的猪都可很快感染发病。仔猪感染后的典型症状是短暂呕吐后，很快出现水样腹泻，粪便呈黄色、绿色或白色，常含有未消化的凝乳块，粪便恶臭；体重快速下降，严重脱水；2 周龄以内仔猪发病率、病死率极高，多数 7 日龄以内仔猪在首次出现临床症状后 2～7 天死亡，而超过 3 周龄的哺乳仔猪多数可存活，但生长发育不良。架子猪、育肥猪和母猪临床表现比较轻，可见食欲减退，偶见呕吐，腹泻一至几日；有应激因素参与或继发感染时死亡率可能增加；哺乳母猪症状则可表现为体温升高、无乳、呕吐、食欲缺乏、腹泻，这可能是与感染仔猪接触过于频繁有关。

图202　水样腹泻、呕吐

（二）地方流行型

多见于老疫区和血清学阳性的猪场，传播较为缓慢，并且母猪通常不发病。该型主要引起哺乳仔猪和断奶后 1～2 周的仔猪发病，临床表现相对较轻，死亡率受管理因素的影响，常低于 10%～20%。哺乳仔猪的症状与白痢相似，断奶仔猪的症状则易与大肠杆菌、球虫、轮状病毒感染混淆。

图203　仔猪呕吐、腹泻、脱水、死亡

三、病理变化

眼观病变主要集中在胃肠道，胃内容物呈鲜黄色并混有大量乳白色凝乳块，整个小肠气性膨胀，肠管扩张，内容物稀薄，呈黄色，泡沫状，肠壁菲薄呈透明状，弛缓而缺乏弹性。部分病例肠道充血、胃底黏膜潮红充血，小点状或斑状出血，并有黏液覆盖，有的日龄较大的猪胃黏膜有溃疡灶，且靠近幽门区有较大的坏死区。脾脏和淋巴结肿大，肾包膜下偶有出血变化。

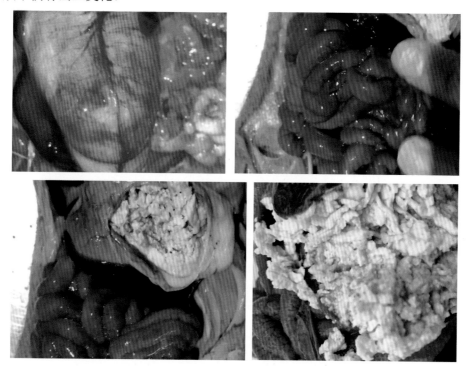

图 204　小肠充血、鼓气、菲薄，胃充血及胃内未消化的凝乳块

特征性变化主要见于小肠，解剖时取一段，用生理盐水轻轻洗去肠内容物，置平皿中加入少量生理盐水，在解剖镜下观察，猪小肠绒毛变短，粗细不均，甚至大面积绒毛仅留有痕迹或消失。

四、诊断

根据该病的流行特点、临床症状、病理变化等可以做出初步诊断，确诊需要依靠实验室诊断。

病料样品采集粪便或小肠。两端结扎的病变小肠是最好的样品，但要新鲜或冷藏。血清学检测可采集病猪血液分离血清。

五、防控措施

对本病的预防主要是采取加强管理、改善卫生条件和免疫预防措施，在猪群的饲养管理过程中，应注意防止猫、犬和狐狸等动物出入猪场。冬季避免成群麻雀在猪舍采食饲料，因为它们可以在猪群间传播本病。严格控制外来人员进入猪场，及时进行疫苗免疫接种也是控制该病的有效方法。

图205　后海穴注射加强免疫

本病目前尚无特效的治疗方法，唯一的对症治疗就是减轻失水、酸中毒和防止继发感染。此外，为感染仔猪提供温暖、干燥的环境，供给可自由饮用的饮水或营养性流食能够有效地减少仔猪的死亡率。发现病猪应及时淘汰，病死猪应进行无害化处理，污染的场地、用具要用碱性消毒剂进行彻底消毒。

第十节　猪流行性感冒

猪流行性感冒（简称流感）是由猪 A 型流行感冒病毒引起的一种急性高度接触性传染病。以突然发病、传播迅速、来势猛、发病率高、致死率低、高热、上呼吸道炎症为主要特征。

流感存在历史已久，早在 1918 年，猪流感就在美国大流行。1955 年，瑞典、东欧各国流行马流感，其后，在美国、西欧、大洋洲都有马流感流行。近几年禽类流感也广为流行，猪流感流行更为严重，并常常与副猪嗜血杆菌病、猪繁殖与呼吸综合征等混合感染造成严重损失。

流感病毒属甲型流感病毒，引起猪流感的主要是 H1N1 和 H3N2 亚型流感病毒，前者在人、猪之间可以互相传染，后者从人传染给猪，因而，人、猪流感有时先后或同时流行。流感病毒存在于病猪和带毒猪的呼吸道分泌物中，对热和日光的抵抗力不强，一般消毒药能迅速将其杀死。

一、流行病学

传染源是病猪和带毒猪。病毒存在于呼吸道黏膜，通过飞沫经呼吸道侵入易感猪体内，在呼吸道上皮细胞内迅速繁殖，很快致病，又向外排出病毒，迅速传播，往往在 2～3 天内波及全群，常呈地方流行性或大流行。经 7～10 天疫情平息，死亡率低，康复猪和隐性感染猪可长期带毒成为传染源。该病有一定的季节性，多发生于气温骤变的秋冬季节和春季，尤其是潮湿多雨时更易发病。近年来在我国也曾发生过夏季大流行，饲养管理不良、长途运输、过于疲劳、拥挤等都是发病的诱因。各种年龄、性别、品种的猪均可感染发病。

二、临床症状

突然发病，体温升高到 41 ～ 41.5℃ ，精神沉郁，喜睡，常挤卧在一起。减食至停食，粪便干燥，少数猪皮肤潮红。

图 206　皮肤潮红

眼睛流泪、畏光，结膜潮红。呼吸急促，伴有咳嗽，流鼻涕。怀孕母猪（尤其是 H3N2 亚型流感）可发生死胎、流产、早产和产弱仔，新生仔猪因缺奶和感染发病而导致整窝死亡；暴发期过后一段时间内有的母猪产仔少，产畸形胎较多。若继发细菌病，死亡率可高达 20% ～ 30%。夏天防暑降温条件差或冬天保暖通风不好时，死亡率、淘汰率会大幅度提高。

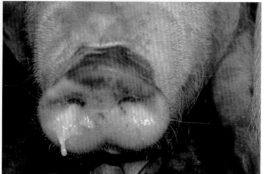

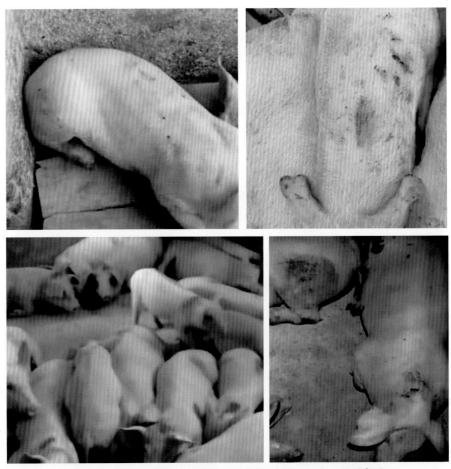
图 207　发热、咳嗽、打喷嚏，采食量下降至废绝，流稀鼻液

三、病理变化

单纯性流感主要是上呼吸道黏膜红肿，黏液增多。肺部病变轻重不一，有的只有边缘部分有轻度炎症，严重时，肺内散在有暗红色致密的肺炎病灶。支气管淋巴结肿大、瘀血。若合并和继发细菌感染，肺实变、水肿和出血较为严重。

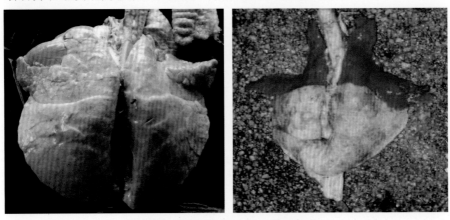
图 208　典型的病毒肺，尖叶肉样变

四、诊断

根据流行特点和临床症状可做出初步诊断。实验室检查用灭菌的棉拭子采集鼻腔分泌物，鉴定其病毒。在鉴别诊断时，应注意与猪肺疫、猪传染性胸膜肺炎等相区别。

五、防控措施

（一）预防措施

1. 防止引进传染源：防止易感猪与感染的动物接触。除康复猪带毒，一些水禽和火鸡也可能带毒，应防止与这些动物接触。人发生 A 型流感时，应防止与猪接触。

2. 全进全出：尽可能做到按年龄分群，实行全进全出制。

3. 加强卫生、消毒：被病猪污染的场地、用具和食槽，进行彻底消毒。

4. 杜绝诱因：在流行季节要适当降低饲养密度。避免猪群拥挤，注意夏天防暑，冬天防寒保暖，保持猪舍清洁干燥，这项工作对于预防本病暴发、减轻疫情、缓和症状都是非常重要的。

5. 加强饲养管理，定期驱虫：目前，国内已有减毒活疫苗和灭活疫苗两种。国外已制成猪流感病毒佐剂灭活苗，经 2 次接种后，免疫期可达 8 个月。

（二）扑灭疫情

一旦发病，对病猪立即就地隔离，及时处理或治疗病猪。加强场地消毒和带猪消毒。改善饲养管理条件，降低饲养密度，改善空气质量。饲喂易消化的饲料，特别要多喂些青绿饲料，以补充维生素和使大便通畅。在康复的最初几天要节制饲喂，逐步增加，以免伤食。有的病猪在良好的环境下，甚至不需药物治疗即可痊愈。

目前无特效治疗药物。治疗必须及早，用药必须足量，持续至少一个疗程。全群投放吗啉胍（病毒灵）、复方金刚烷胺、中药、黄芪多糖、抗生素等抗病毒、抗细菌感染、增强免疫力的药物，如热毒混感康拌料。病猪用 30% 安乃近注射液，或板蓝根注射液，肌内注射，每日 2 次，连用 2～4 日。为控制继发感染，可用柴胡、薄荷、陈皮各 20 克，菊花、土茯苓、紫苏各 15 克，水煎，一次喂服，每日 1 剂，连用 1～2 剂，同时给予止咳祛痰药。对严重喘气病猪，需加用对症治疗药物，如平喘药氨茶碱，改善呼吸药尼可刹米，改善精神状况和支持心脏药安钠咖，解热镇痛药如复方氨基比林、安乃近等。水中加速溶多维。

病猪不宜紧急出售或屠宰。个别治疗效果不佳、难以康复的，需经当地兽医确认并在其监督下紧急屠宰。肉尸高温处理后就地消费，或查明有继发其他疫病时按章处理。

第二章　细菌性传染病

第一节　猪丹毒

猪丹毒是由红斑丹毒丝菌（俗称猪丹毒杆菌）引起的一种急性、烈性、人畜共患传染病。其特征主要表现为急性败血症和亚急性疹块型，也有的表现为慢性非化脓性多发性关节炎或心内膜炎。这种菌还能引起绵羊和羔羊的多发性关节炎，也能使火鸡大批死亡。

一、临床症状

该病的潜伏期一般为 3～5 天，个别短的为 1 天，长的可延至 7 天。本病在临床上一般可分为三型。

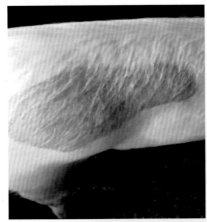

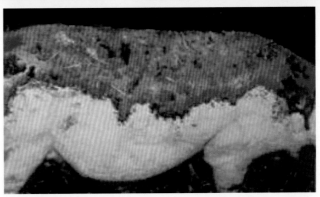

图 209　皮肤出现疹块，俗称"打火印"，整个背部皮肤坏死、脱落（大红袍）

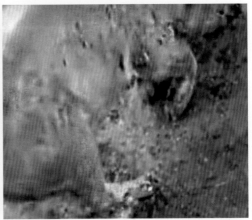

图 210　腿、背部表现

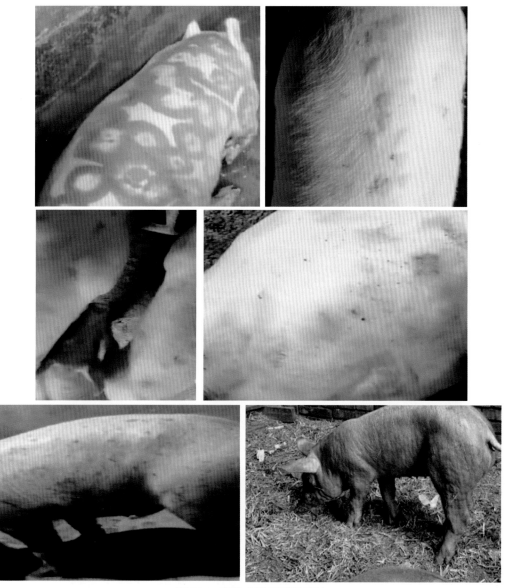

图 211　高出皮肤表面的疹块

图 212　皮肤大面积坏死、结痂

二、病理变化

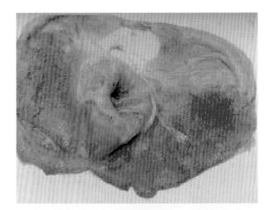

图 213　胃底部弥漫性充血、胃黏膜充血、卡他性炎症，呈大红布样

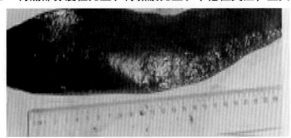

图 214　脾肿大，呈樱桃红色——败血型猪丹毒

图 215　皮肤不规则出血

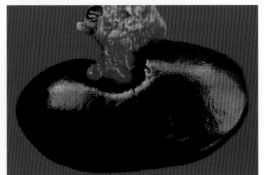

图 216　肾瘀血，呈暗红色，称大红肾

图 217　心脏瓣膜菜花样赘生物

第二节 猪肺疫

猪肺疫又称猪巴氏杆菌病或猪出血性败血症，是由多杀性巴氏杆菌引起的猪的一种急性、烈性传染病。其特征是最急性型呈败血症和咽喉炎；急性型呈纤维素性胸膜肺炎；而慢性型较少见，主要表现为慢性肺炎。本病分布广泛，遍布全球。在我国为猪常见传染病之一。

一、临床症状
潜伏期1～5天，一般为2天左右。

（一）最急性型
俗称锁喉风、大红颈，常突然发病，无明显症状而死亡。

图218　大红颈、锁喉风

（二）急性型
为常见病型。除败血症一般症状外，主要呈现纤维素性胸膜肺炎。

图219　犬坐、张口急喘

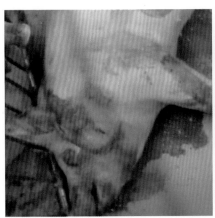

图 220　窒息死亡，流黄白色鼻液

（三）慢性型

多见于流行后期，主要呈现慢性肺炎或慢性胃肠炎。

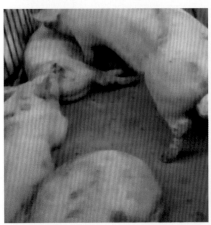
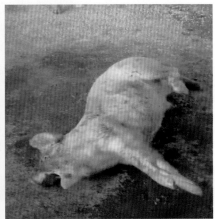

图 221　咳嗽，张嘴呼吸

二、病理变化

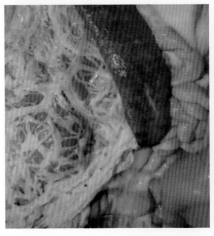

图 222　脾出血，肺气肿、出血

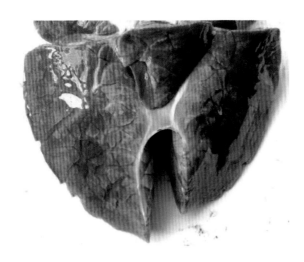

图 223　肺脏呈大理石样外观

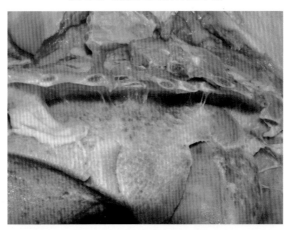

图 224　胸腔纤维素性粘连

图 225　纤维素性心包炎

第三节　猪链球菌病

猪链球菌病是由多种不同群的链球菌引起的一种多型性传染病。该病的临床特征是急性者表现为出血性败血症和脑炎，慢性者则表现为关节炎、心内膜炎和淋巴结脓肿。以 C 群、R 群、D 群、S 群引起的败血型链球菌病危害最大，发病率及病死率均很高；以 E 群引起淋巴结脓肿最为常见，流行最广。

一、临床症状

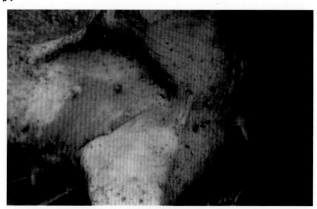

图 226　会阴部和阴部皮肤的瘀血斑

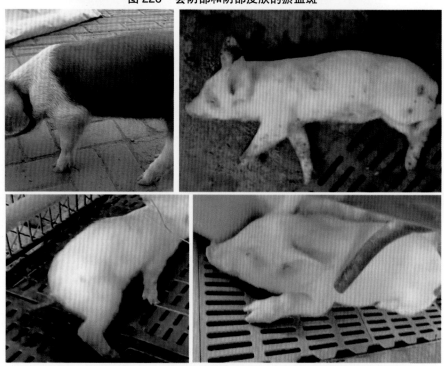

图 227　脑炎症状：行动迟缓，步态不稳，四肢划水运动，卧地不起

图 228　急性脑炎及转圈运动

图 229　神经症状及沿墙角转圈，转大圈

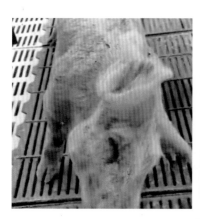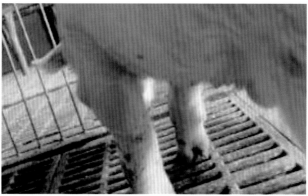

图 230　关节肿胀及脓肿

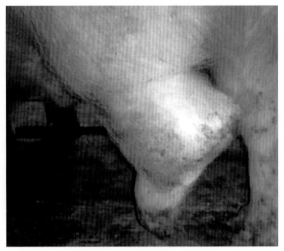

图 231　关节肿胀、跛行

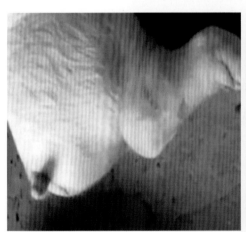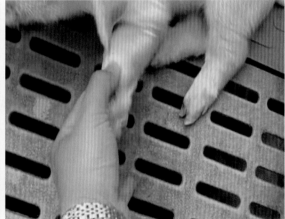

图 232　关节肿胀及化脓性关节炎

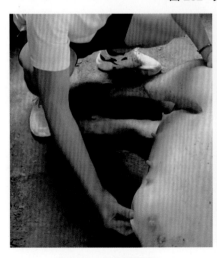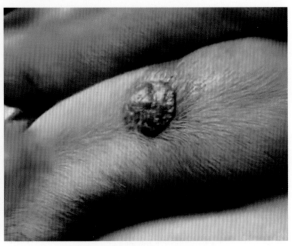

图 233　乳房部肿胀　　　　　图 234　猪背部皮肤黑色肿块

图 235 耳朵血肿

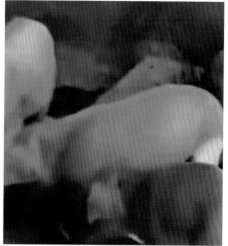

图 236 耳朵血肿消失干瘪，倒立踢腿

二、病理变化

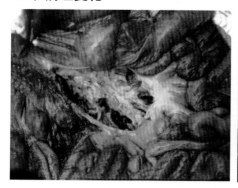
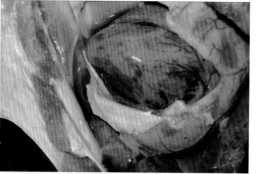

图 237 肠系膜淋巴结肿大出血，心外膜点状、片状出血

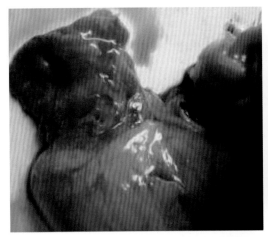

图 238　心耳出血

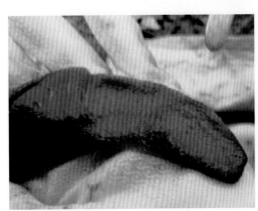

图 239　脾脏边缘梗死

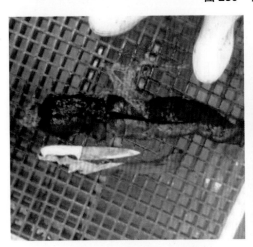

图 240　脾肿大，呈紫黑色　　　　　　图 241　肾脏皮质出血

图 242 膀胱黏膜出血

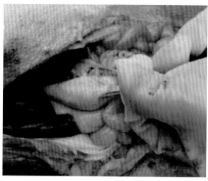

图 243 胃浆膜出血

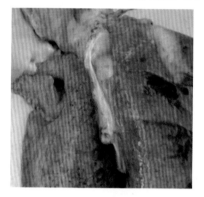

图 244 肺脏出血

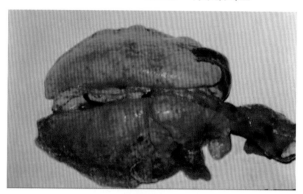

图 245 肺脏肿胀，有出血点

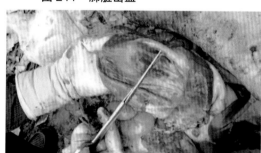

图 246 胃黏膜充血、出血

图 247 肝肿质硬，严重瘀血出血，呈
紫色；胆囊水肿、增厚

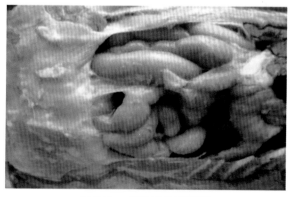

图 248 纤维素性腹膜炎

三、防控措施

按照《猪链球菌病应急防治技术规范》实施。

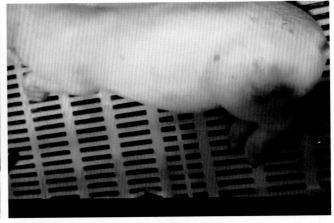

图249　局部排脓及全身治疗（勿用退热药）

第四节　副猪嗜血杆菌病

副猪嗜血杆菌病又称猪格氏病，是由副猪嗜血杆菌引起的一种以猪多发性浆膜炎和关节炎为特征的接触性传染病。目前，该病呈世界性分布，发生呈递增趋势，以高发病率和高死亡率为特征，影响猪生产的各个阶段，给养猪业带来了严重损失。

一、临床症状

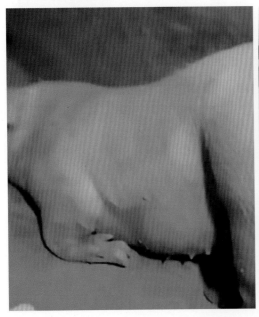

图250　猪前腿跪地

图 251　神经症状，胸腹疼痛表现

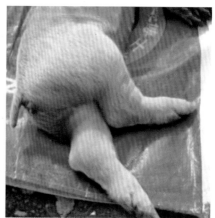

图 252　关节炎，呼吸道症状，病死猪后腿发粗

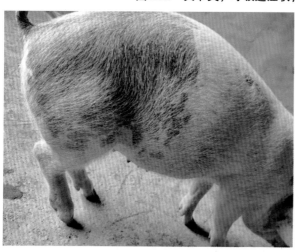

图 253　胸腹腔积液症状，关节肿胀

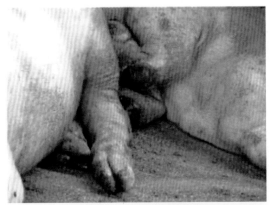

图254 猪关节处磨损伤

图255 关节炎,走路摇摆

二、病理变化

图256 被毛粗乱　　　　图257 败血症状、流鼻涕

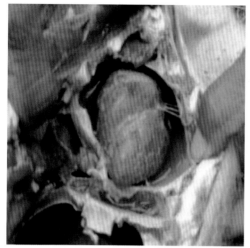

图 258　胸腔脏器广泛粘连

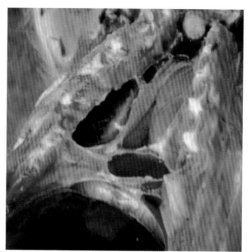

图 259　胸腔积液

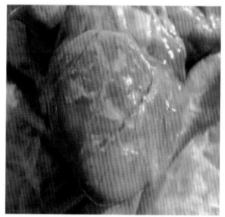

图 260　心肌变性

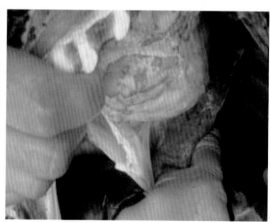

图 261　心脏外膜与心包粘连

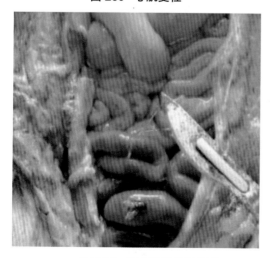

图 262　腹腔渗出物呈丝状

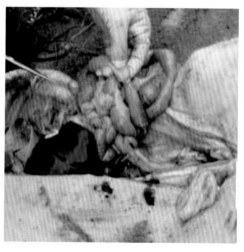

图 263　肠粘连引起肠坏死

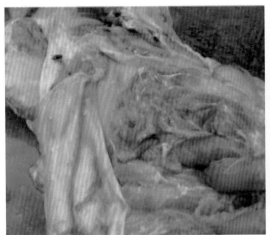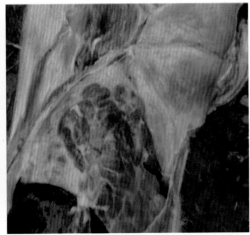

图 264　腹腔脏器广泛粘连

图 265　胸膜肋膜粘连

图 266　肺脏点状片状出血

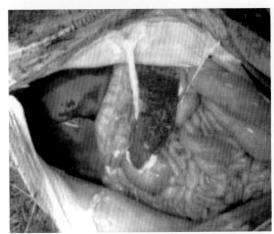

图 267　黄色干酪样渗出物（治疗后）

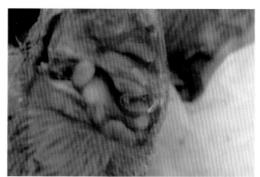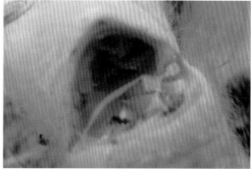

图 268　关节液增多、呈黄色胶冻样

图 269　关节炎

第五节　猪副伤寒

　　猪副伤寒又称猪沙门菌病，是由多种沙门氏菌引起的 1～4 月龄仔猪的常见传染病。以急性败血症或慢性纤维素性坏死性肠炎，顽固性下痢，有时以卡他性或干酪性肺炎为特征，常引起断奶仔猪大批发病。如伴发其他疾病或治疗不及时，死亡率较高。本病遍布于世界各地。屠宰过程中沙门氏菌污染胴体及其副产品也对人类食品安全造成一定的威胁，人感染后可发生食物中毒和败血症等症状。

一、临床症状

图 270　精神沉郁，消瘦，步态不稳

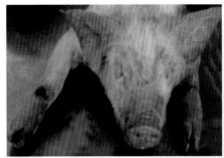

图 271　耳、鼻、蹄部末端发紫

二、病理变化

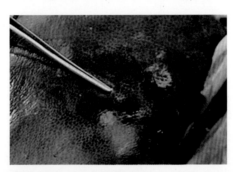

图 272　肝肿，有灰黄色坏死灶或形成增生性结节

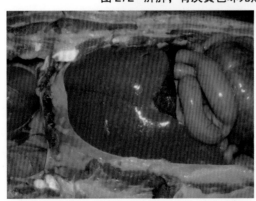

图 273　肝小灶性、散在性坏死

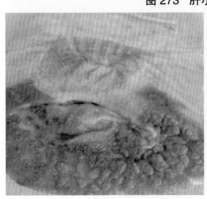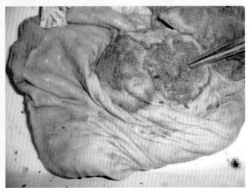

图 274　胃部炎症、溃疡

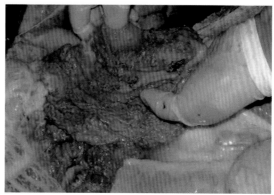

图 275　盲肠、结肠黏膜糠麸样溃疡

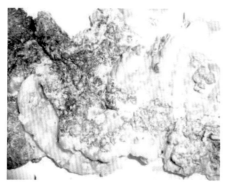

图 276　结肠上的糠麸样附着物

图 277　结肠上的糠麸样附着物（混合感染猪瘟）

第六节　猪接触传染性胸膜肺炎

猪接触传染性胸膜肺炎又称猪副溶血嗜血杆菌病，是由猪胸膜肺炎放线杆菌引起的一种细菌性呼吸道传染病。临床上以出现肺炎或胸膜肺炎的典型症状和病理变化为特征。急性型病死率极高，慢性型或亚临床感染则可导致增重减缓和药物治疗费用增加。

一、临床症状

该病的临床表现根据猪年龄大小、免疫状况、环境条件及感染细菌的毒力和数量不同，分为最急性型、急性型、亚急性型和慢性型。

图 278　卧地不起，发热，咳嗽，张口呼吸

图 279　猪倒行，流感继发

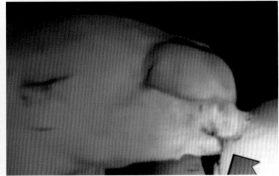

图 280　张口呼吸不能卧地，口吐白沫血沫

图 281　张口呼吸不能卧地，急性死亡

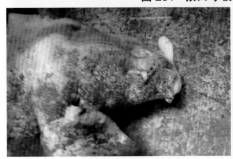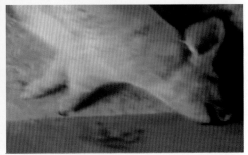

图 282　流带血的泡沫状液体

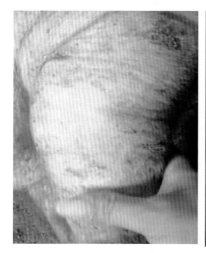

图 283 呼吸困难

图 284 犬坐姿势

二、病理变化

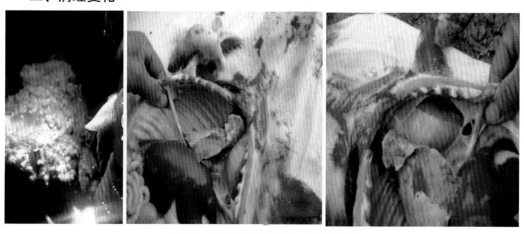

图 285 纤维素性心包炎，胸膜肺炎

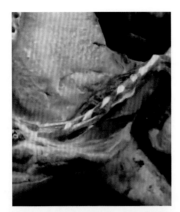
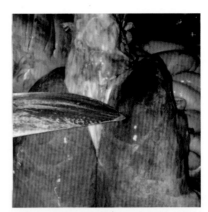

图 286　混合感染蓝耳性胸膜肺炎　　　　图 287　肺脏瘀血出血

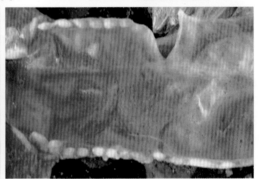

图 288　大叶性肺炎，气管出血性黏液

第七节　猪增生性肠病

猪增生性肠病又名增生性回肠炎，是由胞内劳森菌引起的一种以断奶仔猪或生长育肥猪出血性、顽固性或间歇性下痢为特征的消化道传染病。

一、临床症状

图 289　整圈的水泥灰粪便　　　　图 290　黑灰色稀粪

图 291 增重减缓

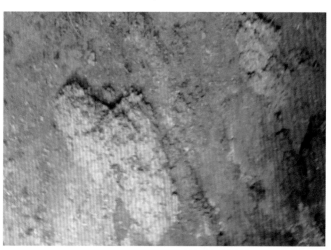
图 292 不成形的黄色稀粪

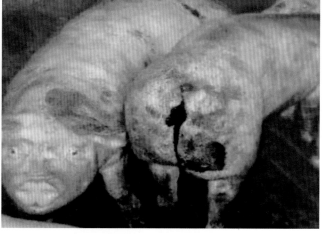
图 293 排黑灰色稀粪

图 294 排水泥灰粪便

图 295 口嚼白沫

第八节 猪密螺旋体痢疾

猪密螺旋体痢疾又称血痢、黑痢、出血性痢疾、黏膜出血性痢疾等，是由致病性猪痢蛇形螺旋体引起的一种肠道传染病。以大肠黏膜卡他性、出血性、坏死性炎症，黏液性或黏液出血性腹泻为特征。该病在猪群中的发病率较高，病猪生长发育受阻，饲料转化率降低，给养猪业造成了很大的经济损失。

一、临床症状

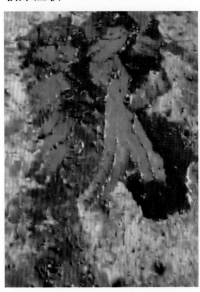
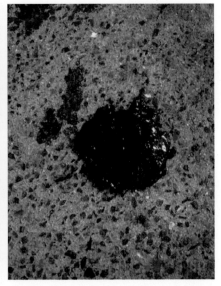

图 296　黑色、红色稀粪

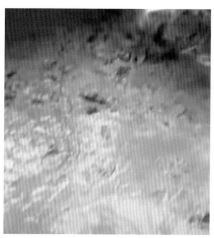

图 297　黑灰色稀粪

二、病理变化

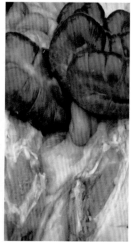

图 298　小肠、大肠充血、出血

第九节　猪葡萄球菌感染

猪葡萄球菌感染主要是由金黄色葡萄球菌和猪葡萄球菌引起的细菌性疾病。金黄色葡萄球菌感染可造成猪的急性、亚急性或慢性乳腺炎，坏死性葡萄球菌皮炎及乳房的脓疱病；猪葡萄球菌主要引起猪的渗出性皮炎，又称仔猪油皮病，是最常见的葡萄球菌感染。此外，感染猪还可能出现败血性多发性关节炎。

一、临床症状

  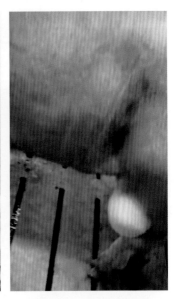

图 299　油皮猪发展迅速　　　　　　图 300　感染性脓疱

二、防控措施

 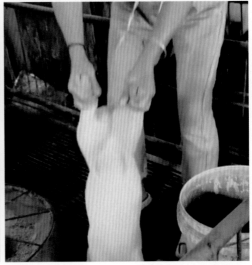

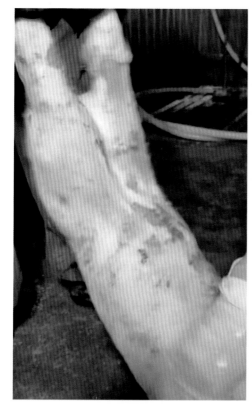

图301　温水洗澡擦干，地塞米松擦洗与消毒液涂抹及肌内注射敏感抗生素

第十节　大肠杆菌病

　　大肠杆菌病是由致病性大肠埃希菌的一些血清型引起的多种动物不同疾病的统称，以新生和幼龄的动物为主的肠道传染病为特征。大肠杆菌是Escherich在1885年发现的，一直被认为是肠道菌群的组成部分，是非致病菌。直到20世纪中叶，才明确一些血清型的大肠杆菌对人和动物有致病性，特别是对婴儿和幼畜（禽）可引起腹泻和败血症。随着集约化养猪业的发展，病原性大肠杆菌所致的仔猪黄痢、仔猪白痢和水肿病，是常发的传染病，也是引起仔猪死亡的重要原因之一，对养猪业造成较大的威胁和重大的经济损失。

一、仔猪黄痢

　　仔猪黄痢又称早发性大肠杆菌病，是由大肠杆菌引起的5日龄内仔猪的急性、高度致死性的肠道传染病，主要症状以拉黄色稀粪和急性死亡为特征，发病快，病程短，有高的发病率和死亡率。本病在我国较多的猪场都有发生，是危害仔猪最重要的传染病之一。引起发病的大肠杆菌主要的血清型是08:K88、K87、K99，060:K88，060:K88，0138:K81，0139:K82、0141:K88、K85，0115:K99，0149:K91、K88ac，0147:K91、

K88ac，0101、045等，这些菌株大多数具有K88，能产生肠毒素，有黏附因子，引起仔猪发病和死亡。

（一）临床症状

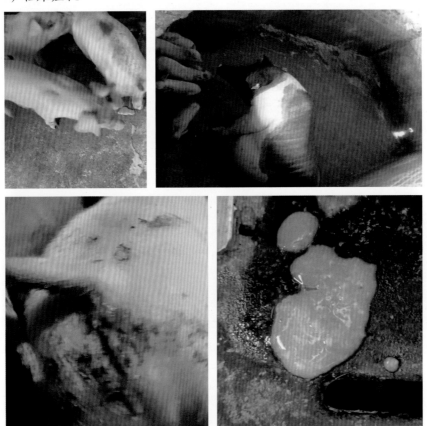

图302　黄色稀粪

（二）病理变化

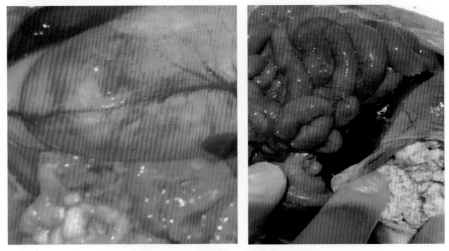

图303　小肠菲薄，胃内有凝乳块

（三）防控措施

图 304　口服给药，腹腔补液

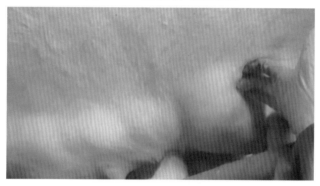

图 305　防治母猪乳腺炎

二、仔猪白痢

（一）临床症状

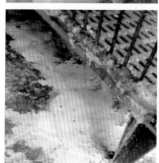

图 306　排黄白色稀粪，消瘦

（二）病理变化

图307　脱水死亡，胃内有酸臭凝乳块

（三）防控措施

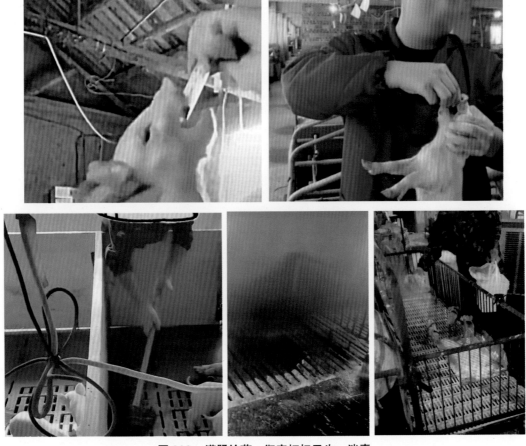

图308　灌服给药，彻底打扫卫生、消毒

三、猪水肿病

猪水肿病又名猪胃肠水肿，是断奶前后仔猪的一种急性散发性肠毒血症疾病。主要表现为突然发病，共济失调，惊厥，局部或全身麻痹及头部水肿。剖检变化为头部皮下、胃壁及大肠间膜的水肿。

（一）临床症状

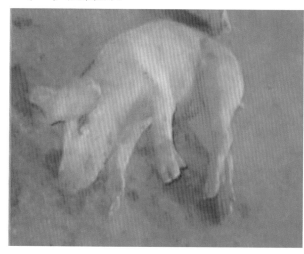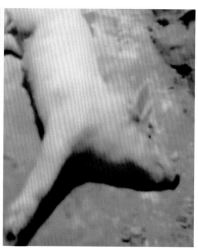

图 309　四肢划水状

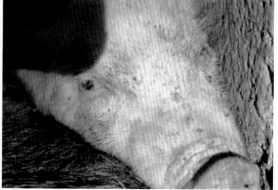

图 310　眼睑、头部水肿

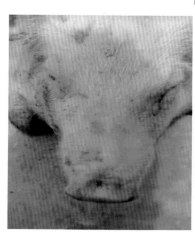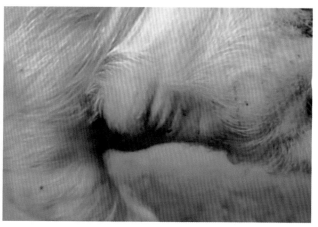

图 311　脸肿、脖子肿且呼吸困难

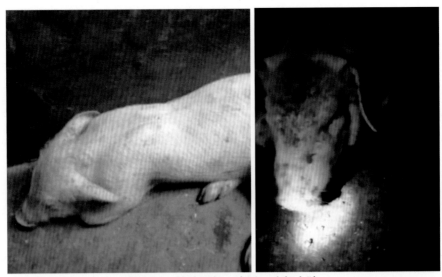

图 312　精神沉郁、嗜睡，头部水肿

（二）病理变化

图 313　结肠袢水肿，混合感染猪瘟，胃浆膜层下水肿，小肠变薄

第十一节 其他细菌性疾病

图314 李氏杆菌感染

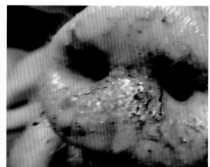
图315 魏氏梭菌病

图316 猪萎缩性鼻炎鼻孔出血

图317 猪萎缩性鼻炎鼻夹骨变形、鼻唇歪向一侧

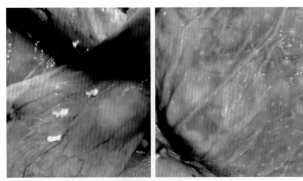

图 318　猪衣原体病胎衣上的钙化物

图 319　破伤风全身肌肉强直

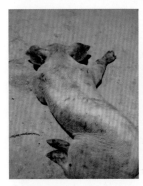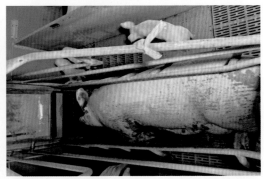

图 320　败血症

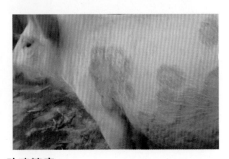

图 321　玫瑰糠疹

第三篇 寄生虫性疾病诊断与防治

第一章　概述

第一节　寄生虫病的防治

　　猪寄生虫病防治是一项复杂的工作，必须在正确诊断的基础上，贯彻"预防为主、防治结合、防重于治"的原则，采取消除传染源、切断传播途径、保护易感动物的综合防治措施，其中以利用多种手段杀死各个发育阶段的虫体（虫卵、幼虫或成虫）最为重要。

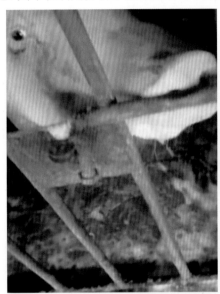

图 322　口嚼白沫，异食癖

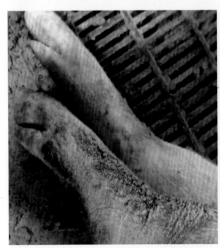

图 323　后腿及臀部疥癣形成的角质层

一、动物驱虫，控制或消除传染源

根据目的不同，可分为治疗性驱虫和预防性驱虫两类。

（一）治疗性驱虫

也称紧急性驱虫。即发现病猪，及时用药治疗，驱虫或杀灭寄生于猪体内或体表的寄生虫，对病猪具有治疗作用，有助于恢复猪体健康，还可以防止病原散播，减少环境污染。

（二）预防性驱虫

也称计划性驱虫。根据各种寄生虫的生长发育规律，有计划地进行定期驱虫。对于蠕虫病，可选择虫体进入猪体内但尚未发育到性成熟阶段时进行驱杀，这样既能减轻寄生虫对动物的损害，又能防止外界环境被污染。

无论治疗性驱虫还是预防性驱虫，驱虫后均应及时收集排出的虫体和粪便进行无害化处理，防止病原散播。

在组织大规模驱虫、杀虫工作时，应先选小群做药效及药物安全性试验，在取得经验之后，再全面开展。所选用的驱虫药物，应具备安全、广谱、高效、价廉、使用方便、适口性好等特点。

二、切断传播途径，减少、消除感染机会

杀灭外界环境中的病原体，包括虫卵、幼虫、成虫等，保护外界环境不被病原体污染。同时，杀灭寄生虫的传播媒介和无经济价值的中间宿主，防止其传播疾病。杀灭外界环境中的病原体、传播媒介及无经济价值中间宿主的主要措施有以下几个方面。

（一）生物法

最常用的方法是粪便堆积发酵和沼气发酵，生物热处理，以杀灭随粪排出的寄生虫虫卵、幼虫、绦虫节片和卵囊等，防止病原随粪便散播。

（二）物理法

保持猪舍空气流通，光照充足，干燥。猪舍和运动场做成水泥地面，破坏寄生虫及中间宿主的发育、滋生地。也可人工捕捉中间宿主、传播媒介和体外寄生虫。

（三）化学法（药物法）

用杀虫药喷洒猪舍和运动场及用具等，杀灭各发育阶段的虫体、传播媒介和中间宿主，保护环境，防止叮咬猪。

（四）加强肉品卫生检验

对于经肉传播的寄生虫病，特别是肉源性人畜共患寄生虫病如旋毛虫病、猪囊虫病等，应加强肉品卫生检查，并严格按照规定，采取高温、冷冻或盐腌等措施无害化处理，杀灭病原体，防止其散播及感染人畜。

三、保护易感动物

保护易感动物是指提高猪抵抗寄生虫感染的能力和减少猪接触病原的机会，以免遭各种寄生虫的侵袭。

提高猪抵抗力的措施主要有科学饲养，饲喂全价优质饲料，增强猪的体质，人工免疫接种等。

减少猪遭寄生虫侵袭的措施有加强饲养管理，防止饲料、饮水、用具等被病原体污染；在猪体上喷洒杀虫剂、驱避剂，防止吸血昆虫叮咬等。

第二节　猪场寄生虫控制模式

调查结果证明，规模化猪场的主要寄生虫病包括猪蛔虫病、结节虫病、鞭虫病、疥螨病和虱等，次要寄生虫病包括肺线虫病、肾虫病和胃线虫病等。为了帮助养猪场科学、合理地选用抗寄生虫药物和掌握适宜的驱虫时机，清除寄生虫感染，防止寄生虫成熟、产卵、污染环境和造成经济损失，现介绍两种猪场寄生虫控制模式，供参考应用。

一、猪寄生虫控制模式一

加强饲养管理，保持猪舍干燥、清洁卫生。

全场普遍驱虫 1 次，药物可用伊维菌素或虫克星，按每千克体重 0.3 毫克，皮下注射；也可用虫克星粉剂、片剂、胶囊剂，按每千克体重 0.3 毫克，一次喂服，或按每天每千克体重 0.1 毫克，拌料喂服，连服 7 天。

后备母猪配种前 1～2 周驱虫 1 次，药物用伊维菌素或虫克星，其用法用量同前；或用左旋咪唑片剂，按每千克体重 8～10 毫克，喂服；或左旋咪唑擦剂，按每 10 千克体重 1 毫升，耳根部涂擦。怀孕母猪产前 1～3 周内驱虫 1 次。哺乳母猪断奶前 1 周驱虫 1 次。

仔猪转群前（60～70 日龄）驱虫 1 次，以后每隔 30 天用左旋咪唑片剂或复合剂拌料驱虫 1 次。

种公猪至少每半年驱虫 1 次。

新进猪驱虫 2 次，间隔 10～14 天，并隔离饲养至少 30 天再合群饲养。

螨、虱感染严重的猪场，每年用药 4～6 次，首次用药后 2 周再用药 1 次。猪体杀虫用伊维菌素或虫克星，同时应注意环境用药同步杀虫。环境杀虫可用 0.1%～0.2% 敌百虫、0.01% 敌杀死或 0.02% 杀灭菊酯溶液喷洒猪舍、运动场、墙壁、地面、饲槽、饮水槽等。

二、猪寄生虫控制模式二

此法可用爱比菌素注射液或伊维菌素注射液，由猪场自行选用一种。全场猪普遍注射一次药物。怀孕母猪在产前 1～2 周内注射 1 次药物。公猪每年至少注射 2 次，注射次数取决于猪场污染情况。仔猪在转群时普遍注射 1 次药物。新进的种猪注射药物后再和其他猪并群。有血虱的猪注射 2 次，间隔时间为半个月。

要注意猪舍的清洁卫生。

应当指出，以上所介绍的猪寄生虫控制模式，是根据我国规模化猪场中寄生虫存在与发生情况，以及药物的资源和作用特点制定的。但是，各地的猪寄生虫病流行情况、环境、综合防治措施及猪群状况等不同，应根据具体情况，制订适合本场的驱虫、杀虫计划，不可生搬硬套。

第二章 原虫病

第一节 附红细胞体病

附红细胞体病是由附红细胞体引起的一种急性、烈性人畜共患传染病，临床上以发热、贫血、溶血性黄疸、呼吸困难、皮肤发红和虚弱为特征，严重时导致死亡。

一、临床症状

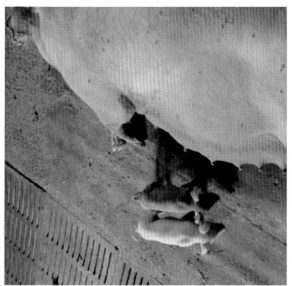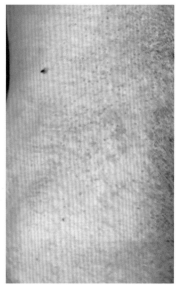

图 324 皮肤发红，俗称"红皮猪"

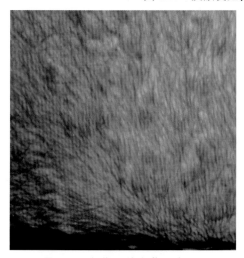

图 325 初期可能有荨麻疹   图 326 皮肤的出血点

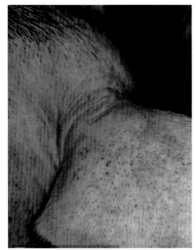
图 327　耳朵、颈部出血

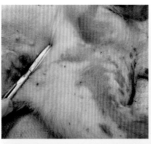
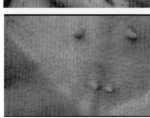
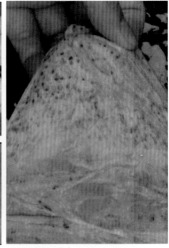
图 328　皮下瘀血点

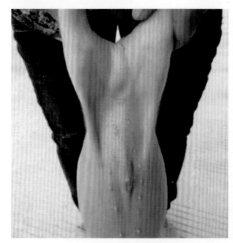
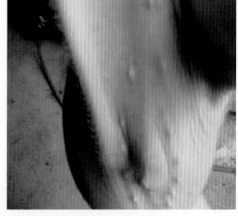
图 329　皮下瘀血点，一侧阴囊疝及附红细胞体病治疗前后对照

图 330　混合感染腹泻

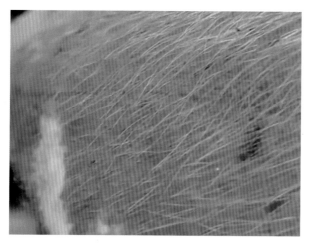

图331 臀部皮肤发红瘀血

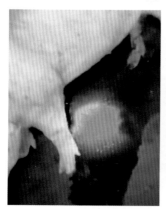

图332 尿红色尿液

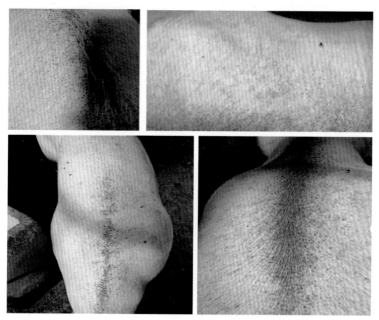

图333 背部的陈旧性出血点

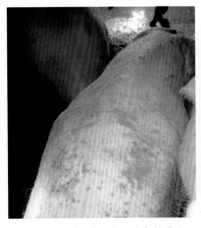
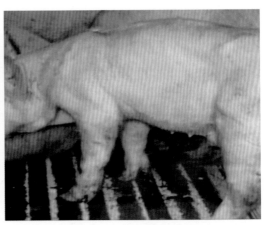

图 334　背、腹部毛孔点状出血　　　　图 335　　皮肤苍白、黄疸

二、病理变化

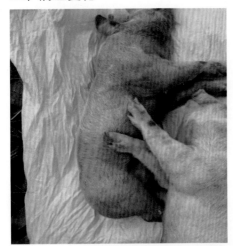

图 336　皮肤发红或黄白，鼻孔发黄

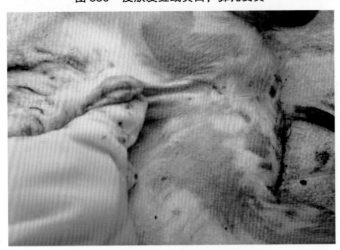

图 337　腹股沟浅淋巴结周围轻微出血

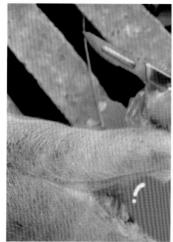

图 338 皮下脂肪发黄，腹腔黄染

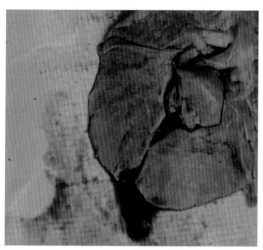

图 339 血液稀薄不凝固

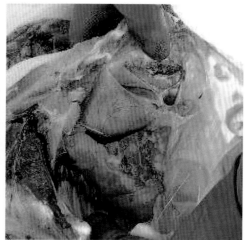

图 340 心包积液

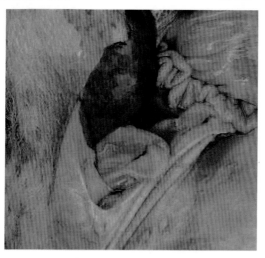

图 341 膀胱蓄积红色尿液

第二节　弓形体病

弓形体病又称弓形虫病，是由龚地弓形体寄生于猫、猪、牛、羊、犬、兔等多种动物体内引起的一种人畜共患原虫病。其特征是，患病动物高热、呼吸困难、咳嗽及出现神经系统症状，妊娠动物流产，产死胎，胎儿畸形。该病传染性强，发病率和死亡率较高，对人畜危害严重。

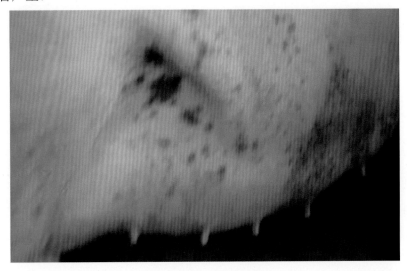

图 342　腹部紫红色斑块

图 343　猪耳朵卷边，眼肿

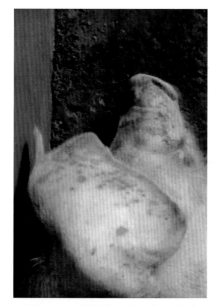 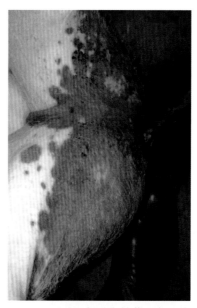

图 344　耳部出血及红色斑块　　　　图 345　后躯部融合性紫红色斑块

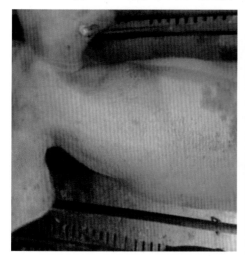 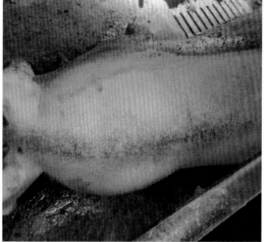

图 346　脊背出血

第三节　猪球虫病

　　球虫对宿主具有严格的选择性，不同种的畜禽有其不同种的球虫，互不交叉感染。球虫寄生也各有固定的位置。猪球虫病是由一种或多种艾美耳球虫和等孢球虫寄生于猪肠上皮细胞引起的一种流行性原虫病。该病分布广泛，主要危害仔猪，其特征是食欲减退、下痢、消瘦。

图 347　小猪腹泻，排带泡沫的黄白色便

第四节　猪结肠小袋虫病

　　猪结肠小袋虫病是由结肠小袋虫引起的一种人畜共患的原虫病。主要感染猪和人，有时也感染牛和羊以及鼠类。寄生于动物的结肠。轻度感染不显症状，严重感染时有肠炎症状。本病呈世界性分布，尤其多发于热带和亚热带地区。我国吉林、山西、山东、河南、湖北、四川、云南、福建、广东、广西、台湾等地均有报道。

图348　结肠硬结，混合感染水肿、猪瘟

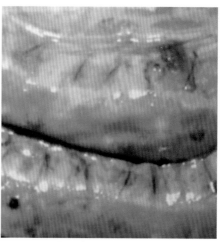

图349　结肠的黄白色结节

图350　结肠内膜小袋虫结节

第三章　线虫病

第一节　猪蛔虫病

猪蛔虫病是由猪蛔虫寄生于猪小肠内引起的一种常见多发线虫病。3～6月龄的小猪最易感染，患猪发育不良，严重者生长停滞，甚至引起死亡。

图 351　母猪磨牙

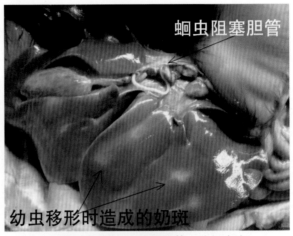

蛔虫阻塞胆管

幼虫移形时造成的奶斑

图 352　猪蛔虫堵塞胆管，移行痕迹

图 353　猪肠道蛔虫

图 354　蛔虫虫体

第二节　猪类圆线虫病

　　猪类圆线虫病是由兰氏类圆线虫寄生于猪小肠引起的一种线虫病，主要危害3～4周龄的仔猪，其临床特征是下痢、消瘦、发育缓慢，甚至大批死亡。

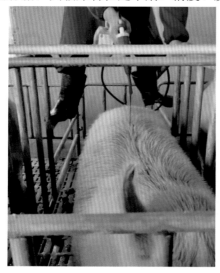

图355　用透皮剂驱虫

第三节　旋毛虫病

　　旋毛虫病是由旋毛形线虫的成虫和幼虫寄生于体内所引起的重要的人畜共患寄生虫病。旋毛虫的成虫寄生于人和多种动物的肠内，又称肠旋毛虫；幼虫寄生于同一动物的横纹肌中，又称肌旋毛虫。我国将其列为二类动物疫病。

图356　寄生于肌肉的旋毛虫

第四章　绦虫和吸虫病

第一节　猪囊尾蚴病

猪囊尾蚴病又称猪囊虫病，是猪带绦虫的幼虫囊尾蚴寄生于猪的肌肉及组织器官内所引起的危害严重的人畜共患寄生虫病。它不仅严重影响养猪事业的发展，而且给人体健康带来严重威胁，我国将其列为二类动物疫病。

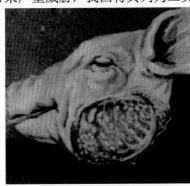
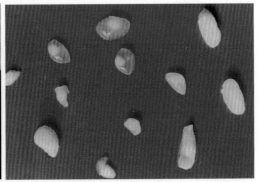

图 357　白色半透明猪囊尾蚴

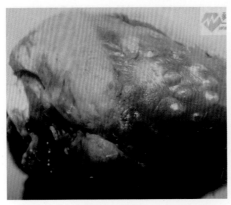
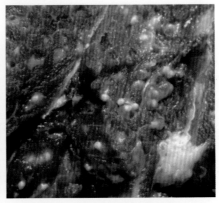

图 358　心肌内有米粒大灰白色胞囊泡　　图 359　寄生于肌肉的囊尾蚴

第二节　猪细颈囊尾蚴病

本病是由泡状带绦虫的幼虫细颈囊尾蚴（俗称"水铃铛"）引起的。成虫寄生在犬的小肠，长 1.5~2 米，幼虫寄生在猪、牛、羊等家畜的肠系膜、网膜和肝等处，为一似鸡蛋大小的囊泡，头节所在处呈乳白色。

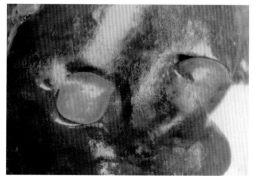
图 360　肝脏上的细颈囊尾蚴

图 361　大网膜上的猪细颈囊尾蚴

图 362　寄生于肌肉的虫体

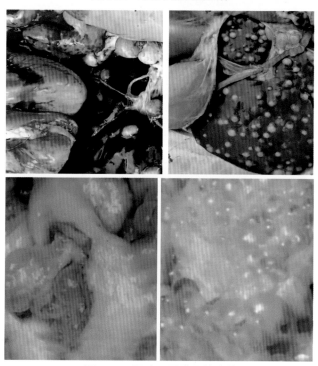
图 363　肝脏、网膜上的虫体

第五章 猪体外寄生虫病

第一节 猪疥螨病

猪疥螨病又叫疥癣，俗称癞，是由疥螨寄生于猪皮内引起的一种慢性接触传染性皮肤病。其临床特征是剧痒、皮炎、脱毛、结痂、渐进性消瘦，严重者引起死亡。

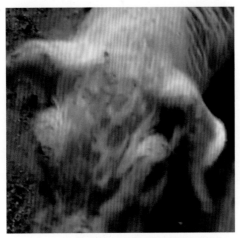

图 364　猪头部的痂皮

图 365　仔猪蹭痒

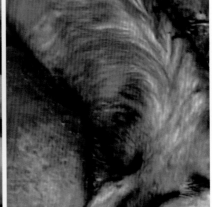

图 366　猪耳螨，耳歪向一侧或甩耳朵、歪头

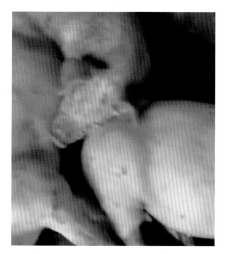
图367 头、眼周、颊部和耳根、颈、背、躯干两侧的痂皮

图368 颈、背、躯干两侧的痂皮

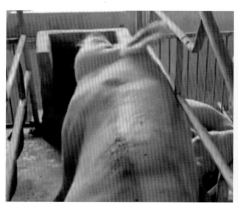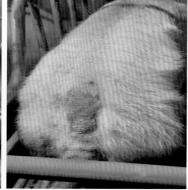
图369 蹭痒，皮肤增厚、毛焦

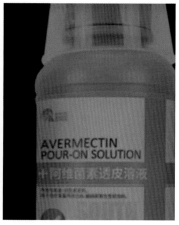
图370 废机油涂布，阿维菌素透皮溶液

第二节　猪蠕形螨病

　　猪蠕形螨病是由猪蠕形螨寄生于毛囊和皮脂腺内引起的一种体外寄生虫病。该病在我国分布较广。由于猪蠕形螨寄生于毛囊中，故又称毛囊虫病。其他家畜也各有其固有的蠕形螨，彼此互不感染。

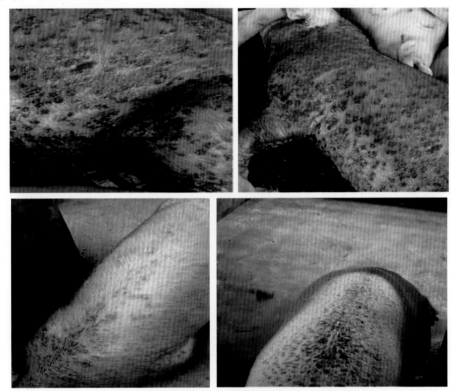

图 371　皮肤脓血痂

图 372　喷洒杀螨剂

第四篇　产科、外科及内科疾病诊断与防治

第一章　产科及外科疾病

第一节　阴道脱

阴道脱是指母猪的阴道壁一部分或全部脱出于阴门之外。

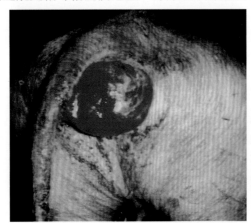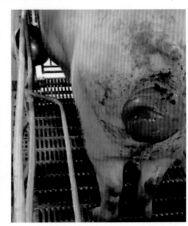

图 373　阴道脱

第二节　难产

在分娩过程中，胎儿不能正常排出，分娩过程受阻，就造成了难产。难产的发生取决于产力、产道及胎儿三个因素。常见于初产母猪、老龄母猪。

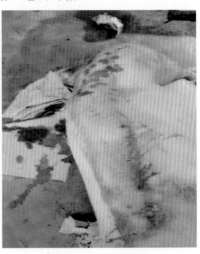

图 374　母猪难产致仔猪死亡　　　　　图 375　母猪难产

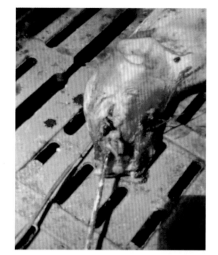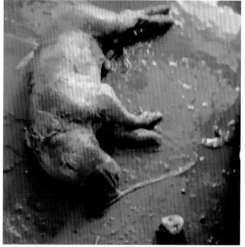

图 376　母猪难产，仔猪鼻子拉断

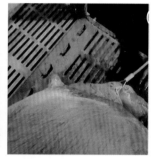

图 377　助产

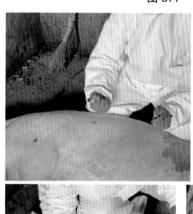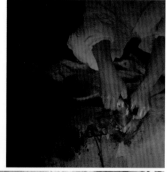

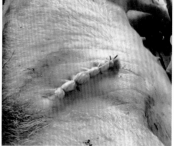

图 378　母猪剖宫产

第三节　子宫脱出

子宫脱出是指子宫部分或全部从子宫颈内脱出到阴道或阴门外，多发生于难产及经产母猪。此病常发生于产后数小时以内。

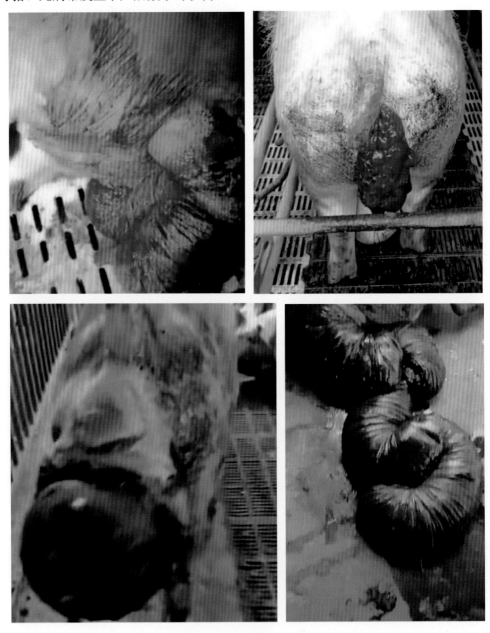

图379　母猪子宫脱出

第四节　子宫内膜炎

　　子宫内膜炎是子宫内膜的黏液性或化脓性炎症，为母猪常见的一种生殖器官疾病。子宫内膜炎发生后，往往发情不正常，或者发情正常但不易受孕，即使妊娠也易发生流产，如不及时治疗，炎症易扩散引起子宫肌炎、子宫浆膜炎或子宫周围炎，并常转为慢性炎症。

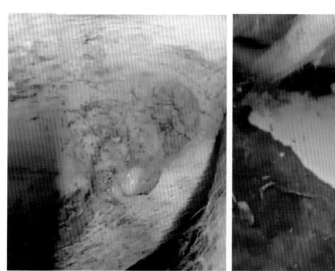

图 380　母猪阴门流出黄白色分泌物

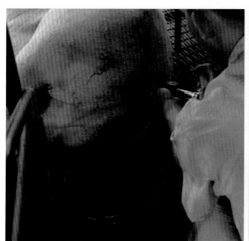

图 381　母猪子宫灌注药物

第五节　乳腺炎

母猪的乳腺炎是哺乳母猪常见的一种疾病，多发于一个或几个乳腺，临床上以红、肿、热、痛及泌乳减少为特征。

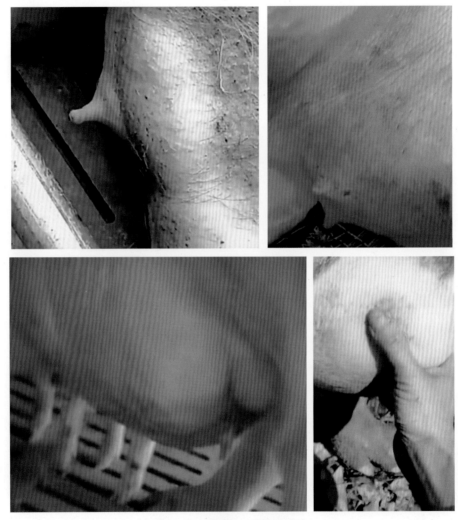

图382　母猪急、慢性乳腺炎

第六节　脓　肿

猪体内任何组织或器官内出现脓汁积聚，周围有完整的脓肿膜包裹者称脓肿。

一、临床症状

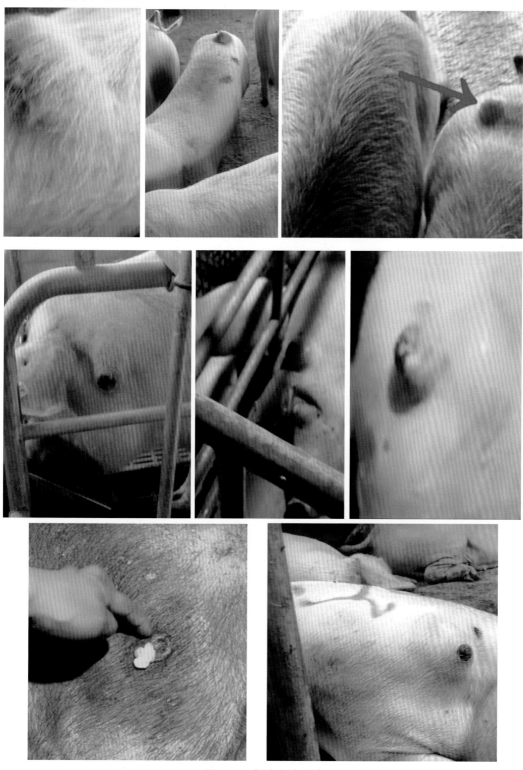

图 383　各种皮肤脓肿

图 384　关节脓肿

图 385　去势引起的脓疱

二、防控措施

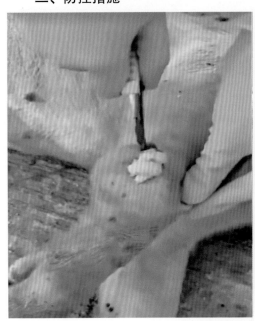

图 386　脓肿的手术治疗

第七节　直肠脱

直肠脱俗称脱肛，是直肠一部分或大部分经肛门向外翻转脱出，而不能自行缩回的一种疾病。仅直肠黏膜脱出，称为脱肛。如直肠后段的全层肠壁均脱出，称作直肠脱。

一、临床症状

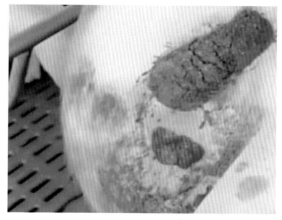

图 387　早期脱肛

图 388　母猪脱肛

二、防控措施

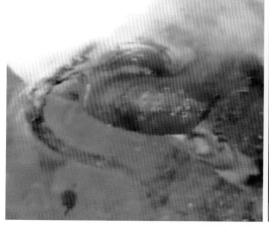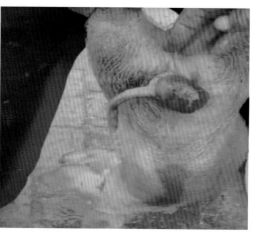

图 389　育肥猪脱肛及保定准备缝合手术

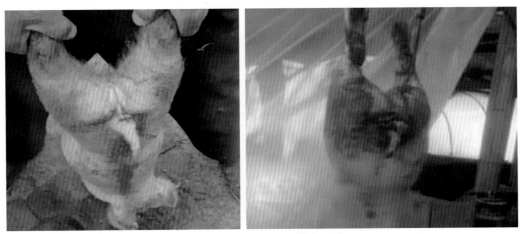

图390　育肥猪脱肛及缝合手术

第八节　仔猪脐疝、阴囊疝

　　脐疝和阴囊疝是猪的常见疾病。据调查，在安阳市各养殖场猪群中，两疝（指脐疝和阴囊疝，下同）发病率一般在5%左右，个别猪场发病率高达12%，由于对患猪处置不当，使淘汰率增高，造成不小的经济损失，应该引起足够的重视。笔者根据多年生产实践经验，认为对两疝须采取手术治疗和预防并重的综合防治措施，才能取得比较满意的效果。

一、脐疝

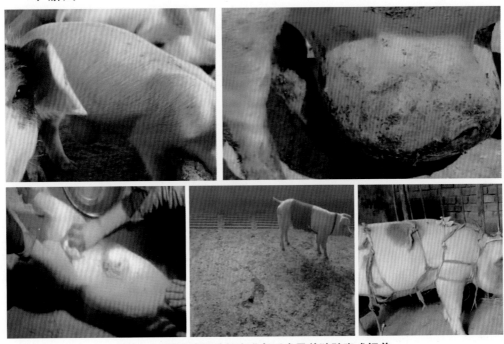

图391　脐疝猪仰卧保定准备手术及单独肚兜式饲养

二、阴囊疝

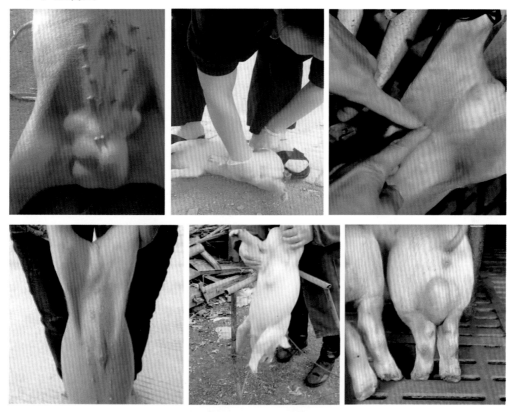

图 392 一侧阴囊疝

图 393 阴囊疝的嵌闭性疝

三、防控措施

对脐疝和阴囊疝应在早诊断的基础上尽早手术治疗。常用的手术方法有闭锁式和切开式两种。

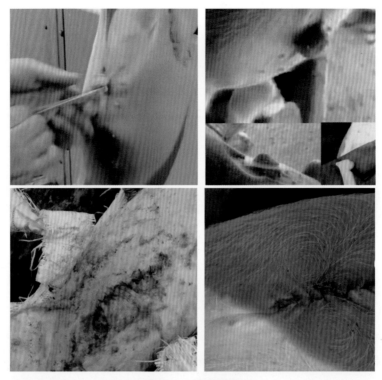

图 394　脐疝手术

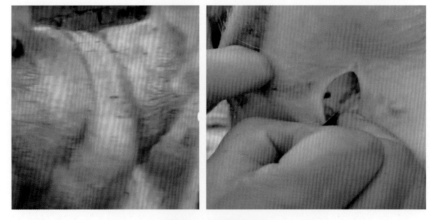

图 395　阴囊疝手术

第二章　内科疾病

第一节　猪便秘

　　猪便秘，是由于肠内容物停滞、水分被吸收而干燥，造成肠腔阻塞的一种腹疼性疾病。各种年龄的猪都可发生，而小猪多发，便秘部位常在结肠。

一、症状

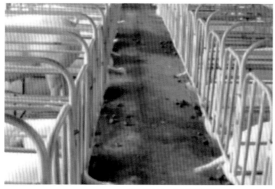

图 396　母猪便秘

图 397　干硬粪球

图 398　猪便秘

二、防控措施

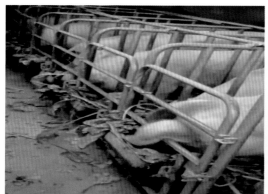

图 399　食喂粗纤维青绿饲料，预防便秘

图 400　直肠灌注治疗

第二节　胃肠炎

胃肠炎是胃肠表层黏膜及深层组织的重剧炎症的总称。由于胃和肠的解剖结构和生理功能密切相关，胃和肠的疾病容易相互影响。胃和肠的炎症多同时或相继发生，按其炎症性质可分为黏液性、化脓性、出血性、纤维素性和坏死性胃肠炎；按其病程经过可分为急性和慢性胃肠炎，按其病因可分为原发性和继发性胃肠炎。

一、病因

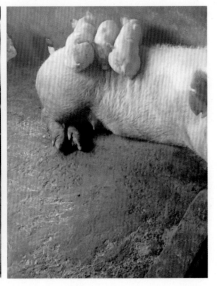

图 401　猪舍寒冷，继发胃肠炎

二、临床症状

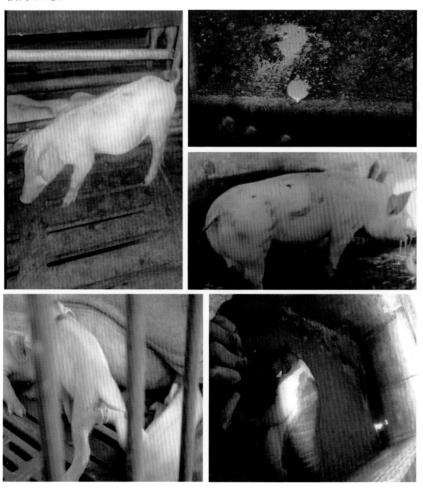

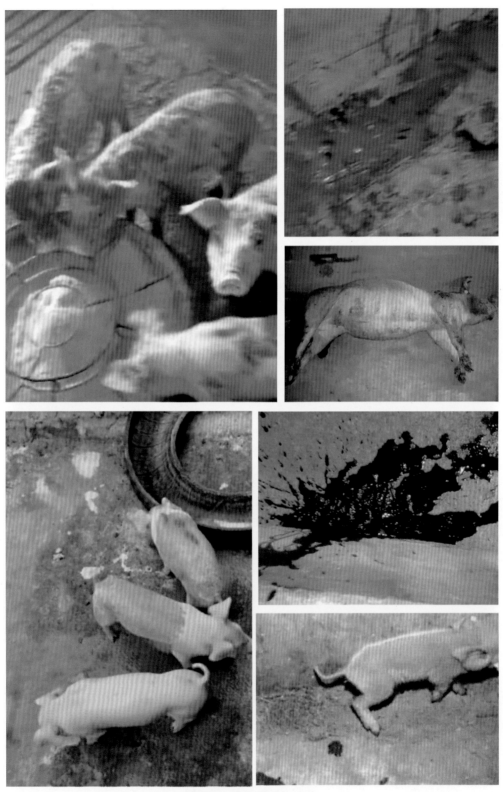

图 402　各种胃肠炎症状

图 403 腹泻、脱水死亡

三、病理变化

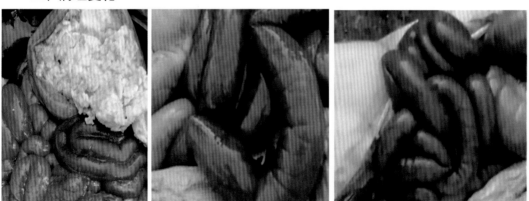

图 404 未消化奶瓣，小肠出血及梭菌性肠炎

四、防控措施

治疗原则是清理胃肠、抑菌消炎、缓泻止泻、预防脱水及对症治疗。

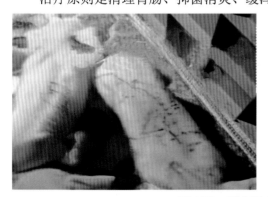

图 405 透皮剂止痢及仔猪洗热水澡

图 406　提高小环境温度，预防发生胃肠炎

第三节　中暑

　　猪受到阳光照射，引起大脑中枢神经发生急性病变，导致中枢神经机能严重障碍的现象，称为日射病。猪在炎热季节，潮湿闷热的环境中，产热增多，散热减少，引起严重的中枢神经系统功能紊乱现象，称热射病。日射病和热射病合称中暑。

一、临床症状

图 407　全身发红

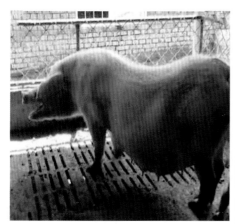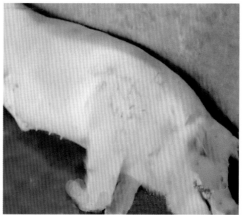

图 408　母猪中暑张口呼吸

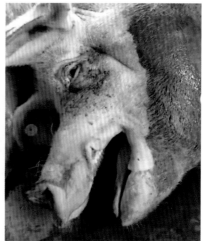

图 409　张嘴呼吸

图 410　后躯发紫　　　　　　　图 411　停电造成大量猪中暑死亡

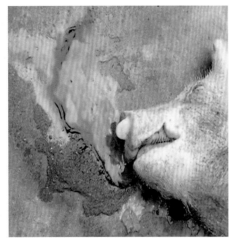
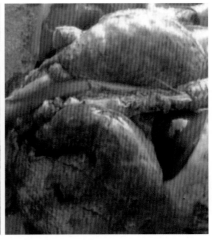

图 412　鼻孔流出带血样泡沫，肺充血、水肿

二、防控措施

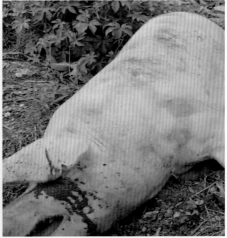

图 413　让猪后躯先卧地休息，耳尖放血

图 414　用冰镇啤酒灌服　　　　图 415　凉水沾湿破衣服覆盖猪体降温

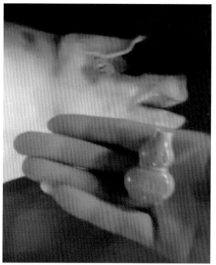

图 416　中暑猪口服速效救心丸

图 417　凉水冲洗头部，喷水降温

图 418　水帘降温与加强通风，预防中暑

第四节　"底色病"及霉菌毒素

中国猪群高死亡率的罪魁祸首是复合霉菌毒素中毒症形成的"底色病"，它使猪群的免疫力大幅下降，诱发各种疾病的流行，形成疾病多元化流行的态势。

一、"底色病"的由来

霉菌毒素以玉米这一最为广泛应用的饲料为载体传播，严重威胁猪群的健康，它比任何疫病的损伤更具普遍性。

复合霉菌毒素中毒症使多个实质脏器与免疫系统受到慢性进行性损伤，形成多器官系统的慢性功能衰竭，不仅仅抑制了免疫反应的多个环节，而且使免疫反应产生的各种原材料（免疫蛋白、T细胞、B细胞、白细胞介素等）出现匮乏，这是任何疫病对猪体的免疫抑制作用无法比肩的。在免疫功能如此低下的猪群中极易继发流行各种疫病。由于不同猪群中优势病原微生物不一样，因此在全国呈现疫病多元化流行的格局。

复合霉菌毒素中毒症在当今中国猪病的发病学上扮演了"底色病"或基础病的角色。控制好复合霉菌对饲料的污染，建立符合猪习性的小环境，将环境应激减到最低限度，做好必需免疫是控制疫病肆虐的唯一综合措施。

二、病原与流行病学

霉菌是真菌的重要组成部分，广泛存在于自然界，种类繁多，目前发现有45 000多种，但绝大多数是非致病性的，只有少数霉菌在基质（饲料）中生长繁殖，并产生有毒的代谢产物霉菌毒素。霉菌生长繁殖的条件较许多细菌低得多，基质的水分含量在10%～15%、环境相对湿度70%～80%生长繁殖旺盛，产毒较多。不同的霉菌对温度的要求差异较大，镰刀菌在8～16℃产毒力较强，有的霉菌在0℃以下也能大量产毒。霉菌能够感染田间生长的谷物与仓储谷物。霉菌毒素因特殊的杂环结构对高温非常稳定。

图419　复合霉菌毒素污染的玉米及饲料

三、常见的霉菌毒素

与猪病关系密切的霉菌毒素有13种。它们分别是黄曲霉毒素、赭曲霉毒素、伏马毒素（烟曲霉毒素）、串珠镰孢霉素、T-2毒素、脱氧雪腐镰刀菌烯醇、雪腐镰刀菌烯醇、二醋酸蔗草镰刀菌烯醇（DAS）、黑葡萄穗毒素、橘青霉毒素、青霉震颤毒素、玉米赤霉烯酮（ZEN，F-2毒素）、麦角生物碱。按其致病变器官与组织不同分为肝毒性、肾毒性、心血管毒性、免疫毒性、变态反应毒性、神经毒性等，实际上许多霉菌毒素不仅有主嗜性，而且对多种组织器官有泛嗜性，造成多组织器官的损伤。

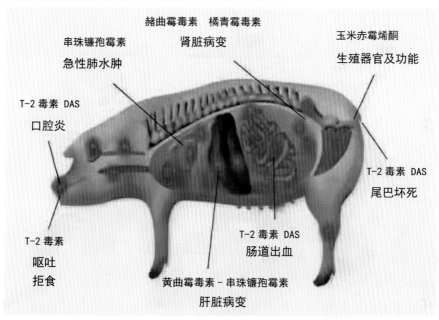

图420　毒素危害器官

四、临床症状

（一）黄曲霉毒素

损伤肝脏，形成脂肪肝、肝硬化，出血性素质，免疫抑制，睾丸减重，少精。

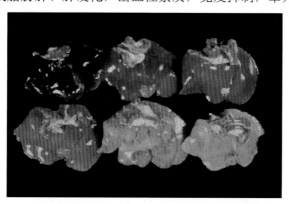

图421　肝脏随着毒素积蓄颜色越来越苍白

（二）赫曲霉毒素

损害肝肾，引起肝脏脂变坏死，间质纤维化肾炎，抑制蛋白质合成，引起胎儿畸形、脑积水、公猪精液品质下降。

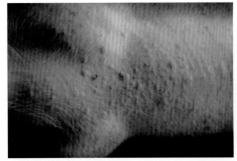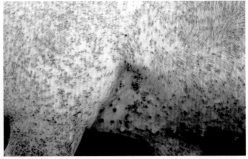

图 422　皮肤病变

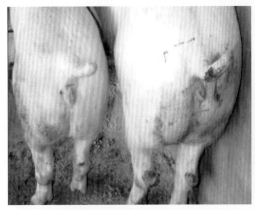

图 423　母猪阴门红肿

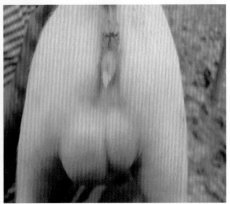

图 424　母仔猪的畸形胎

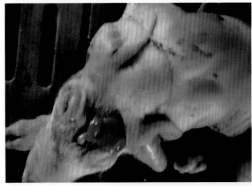

图 425　仔猪大脑发育不全

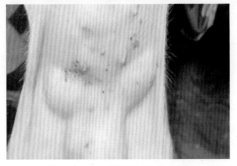

图 426　仔猪腹下异常水肿

图 427　仔猪鼻孔残缺

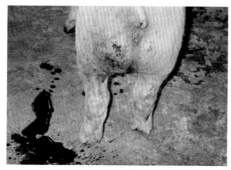

图 428　便血、尿血

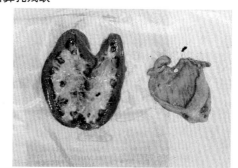

图 429　肾脏和膀胱炎症

（三）伏马毒素

低剂量引起肝肾损伤，肝脏脂肪变性与透明变性、坏死，大剂量或小剂量蓄积可引发致命的肺水肿，伴有胰腺局灶性坏死。

（四）串珠镰孢霉素

主要损伤心血管系统，引起心肌颗粒变性与空泡变性，突然死亡，还可导致骨营养不良与骨软化、免疫抑制。

（五）T-2 毒素

具有广泛毒性，刺激消化道黏膜发生炎症、坏死、溃疡、呕吐、腹泻，心、肝、脾变性，骨髓坏死，溶血，致畸，致癌，皮炎，免疫抑制。

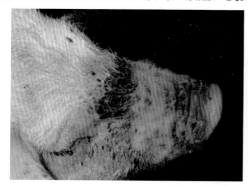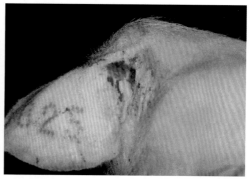

图 430　皮肤病变

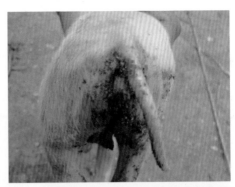

图 431　仔猪呕吐　　　　图 432　仔猪腹泻、阴唇红肿（呈现性成熟表现）

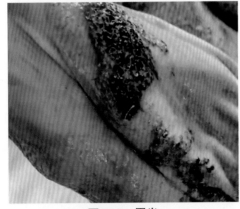
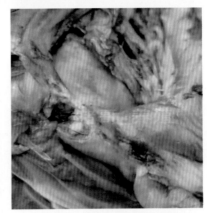

图 433　胃炎　　　　　　图 434　胃穿孔致腹腔污染

图 435　母猪霉菌毒素感染后，仔猪发黄，肝源性腹泻

（六）脱氧雪腐镰刀菌烯醇

具有腐蚀毒性，引起消化道黏膜广泛炎症、坏死、溃疡、出血，肝肾变性坏死，免疫抑制，诱发自身免疫反应，脾与胸腺萎缩，有胚胎毒、致畸。

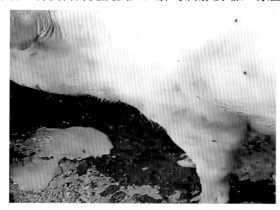 

图436　猪吃了吐，吐了吃　　　　　　图437　母猪蛋白尿

（七）雪腐镰刀菌烯醇

引起胃肠糜烂，肝肾变性，软骨发育不良，致畸，引起背部皮肤坏死，免疫抑制。

 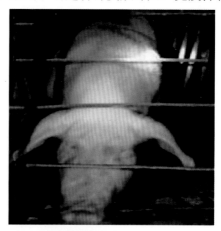

图438　育肥猪中毒表现　　　图439　母猪食霉菌毒素污染饲料后泪痕眼垢

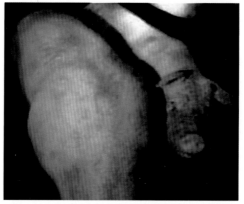

图440　猪食霉菌毒素污染饲料后全身表现

（八）二醋酸蔗草镰刀菌烯醇

引起小肠黏膜出血坏死，皮肤炎症与坏死，结膜炎与角膜损伤，肝肾变性。

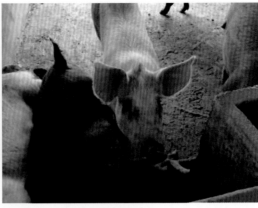

图 441　猪食霉菌毒素污染饲料后泪痕眼垢

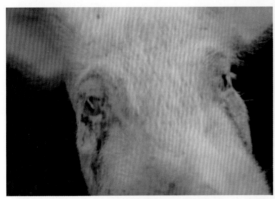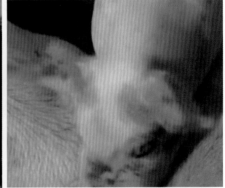

图 442　母猪霉菌毒素感染后结膜炎、泪痕

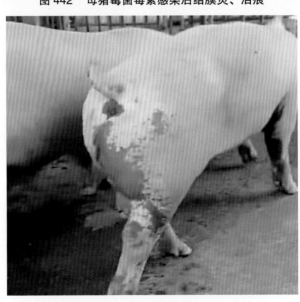

图 443　母猪霉菌毒素感染后皮肤出血

（九）黑葡萄穗毒素

引起猪的无毛部位皮肤有出血点、溃疡，局部皮肤表皮脱落、皲裂、坏死。

图 444　母猪耳朵出血

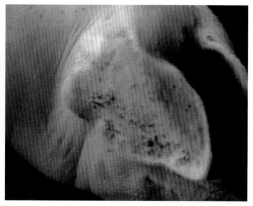

图 445　母猪耳朵的出血瘢痕

图 446　母猪霉菌毒素感染后皮肤坏死、结痂

（十）橘青霉毒素

引发肾脏损伤，花斑肾，肾性水肿，多尿，多饮，共济失调，角弓反张；慢性中毒时眼睑或四肢内侧皮肤呈蓝紫色，流涎，呕吐。

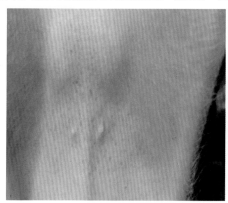

图 447　仔猪腹部出血点

图 448　公仔猪乳头发紫

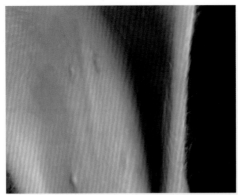

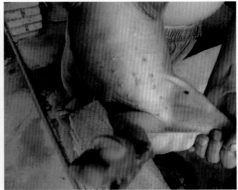

图449　母仔猪乳头发紫

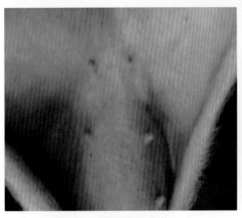

图450　腹部皮肤发紫

图451　脐带愈合缓慢

（十一）青霉震颤毒素

引起多尿，震颤，痉挛，衰竭。

（十二）玉米赤霉烯酮

引起青年母猪外阴水肿，乳腺增生，子宫肥大，直肠和阴道脱垂，尿石症；引起性成熟母猪流产，死胎、弱仔、"八"字腿仔猪增多，产后突然无乳，卵巢萎缩，不发情或发情不规律；公猪精液品质下降；还有肝毒性或免疫毒性。

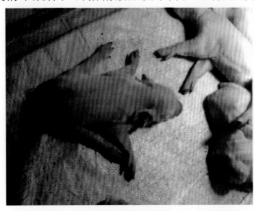

图452　母猪感染后仔猪的"八"字腿

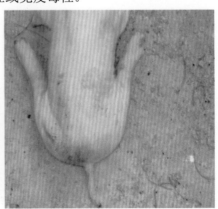

图453　新生仔猪的"八"字腿

 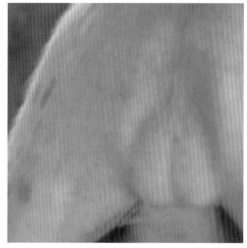

图 454　新生母仔猪乳腺发育（呈现性成熟表现）　图 455　新生公仔猪睾丸发育（呈现性成熟表现）

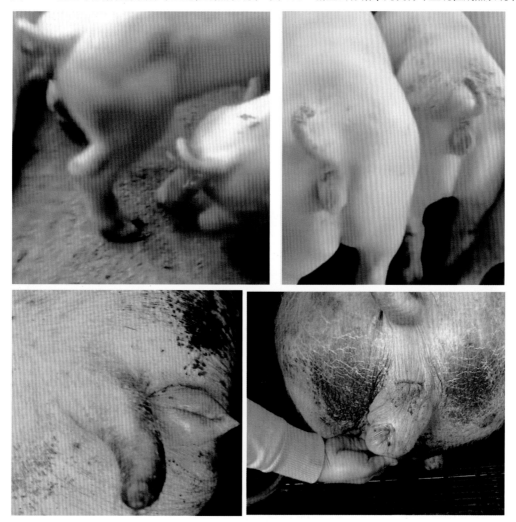

图 456　母猪感染后阴唇红肿

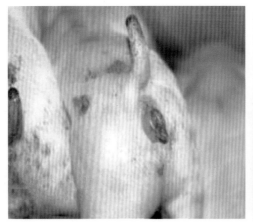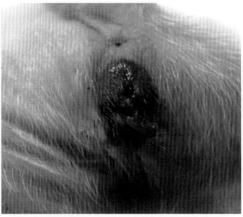

图 457　新生母仔猪感染后阴唇红肿

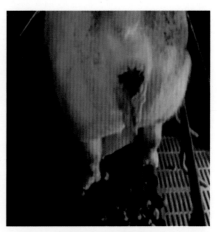

图 458　仔猪"八"字腿　　　　　　　图 459　母猪便秘

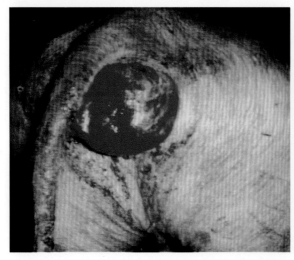

图 460　小母猪阴道脱出

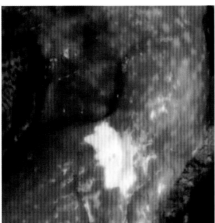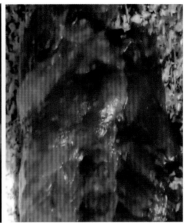

图 461 母猪流产，子宫红肿及白色气泡

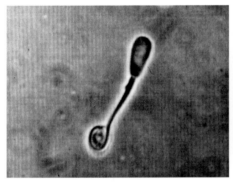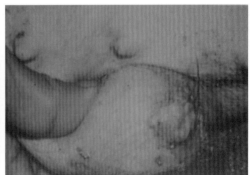

图 462 精子萎缩　　　　　　　图 463 公猪阴鞘红肿

（十三）麦角生物碱

引起肢端坏死，非炎性无乳。

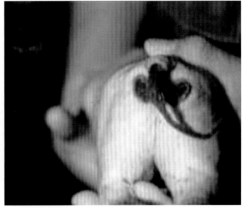

图 464 干耳、干尾等坏疽

图 465　母猪呕吐后再吃

图 466　母猪呕吐

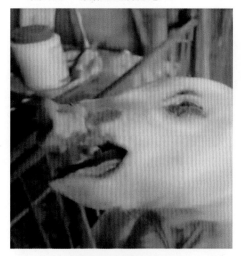
图 467　皮炎

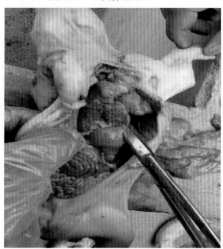
图 468　仔猪肺脏出血

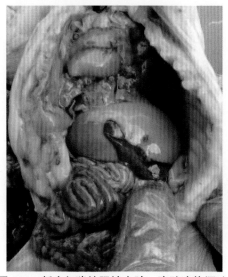
图 469　新生仔猪结肠袢水肿、腹腔液体浑浊

图 470　肝脏出血

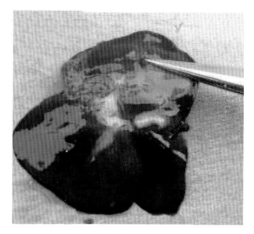

图 471 肝脏肿大、胆囊出血

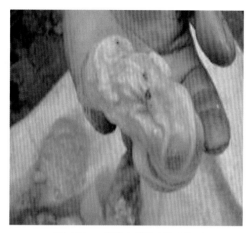

图 472 新生仔猪胃出血溃疡

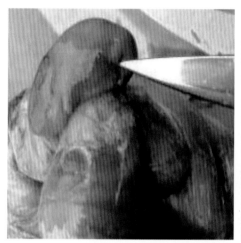

图 473 新生仔猪的肾脏变性（肾盂融合）

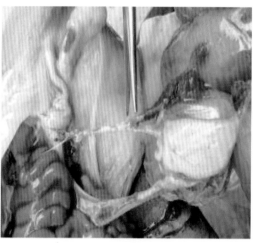

图 474 新生仔猪膀胱出血

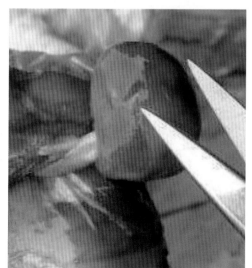

图 475 新生仔猪的肾脏出血

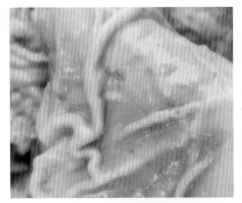
图 476　新生仔猪胃出血

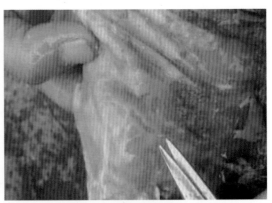
图 477　胃溃疡胃底增生糜烂

图 478　肠道出血

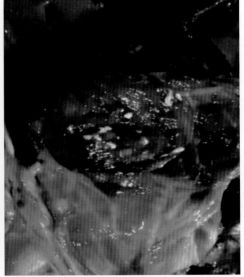
图 479　母猪胎衣白色钙化

五、防控措施

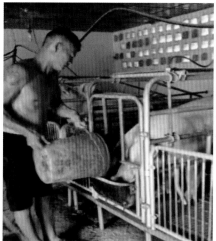

图 480　个体治疗，大群拌服脱霉剂

第五篇 混合感染性疾病诊断与防控

第一节　猪瘟与弓形体病混合感染

一猪场从山东、安徽、江苏三省交界市场先后购进断奶仔猪 210 头，购进后不久陆续开始发病。开始仅见少数猪呼吸困难，高热，精神不振，有腹泻和便秘现象，2 周后大群出现类似症状，耳后、背部、四肢及腋下皮肤呈暗红色，并有出血斑点。畜主怀疑为猪流行性感冒，用利巴韦林＋青霉素＋链霉素＋阿尼利定＋地塞米松治疗 3 天无效，而后到兽医院就诊，确诊为猪瘟和弓形体混合感染。

一、临床症状

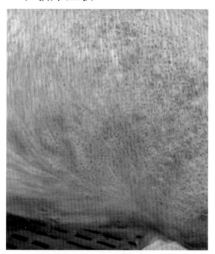

图 481　全身皮肤的小出血点

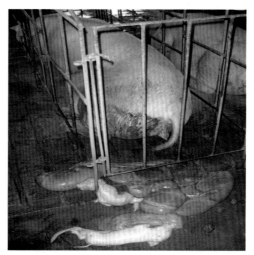

图 482　母猪流产

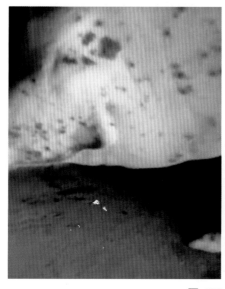

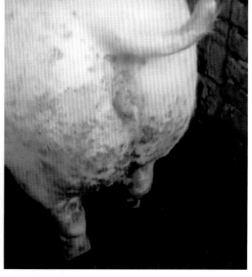

图 483　前后躯发紫

二、病理变化

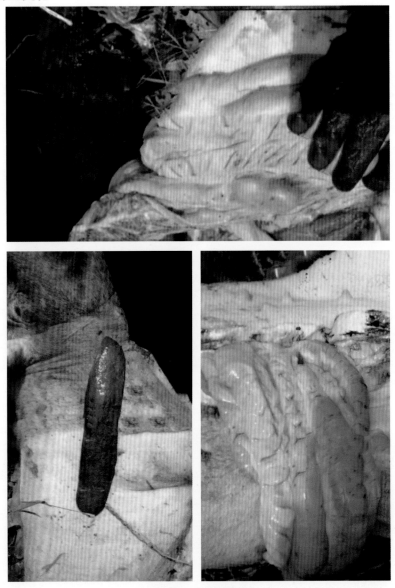

图 484　混合感染

第二节　猪弓形体和支原体混合感染

2000 年 11 月初，河北临漳一猪场的 112 头育肥猪突然发生以发热、皮肤紫红、气喘、高度呼吸困难为主要症状的疾病，半月的时间内，累计发病 62 头，死亡 23 头。曾用青霉素治疗，未见明显效果，采集病料经实验室检查，诊断为猪喘气病即支原体肺炎并发弓形体病。

一、临床症状

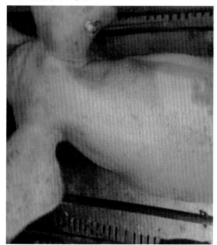
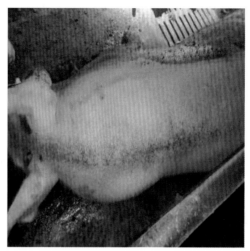

图 485 猪弓形体病脊背出血

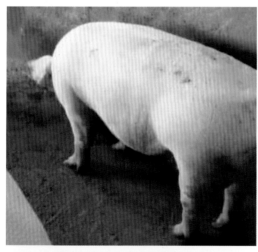

图 486 喘气病的阵性巨咳

二、病理变化

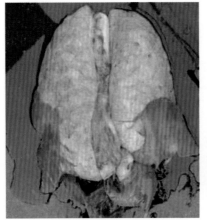

图 487　"虾肉样变"

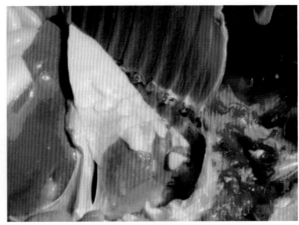

图 488　肺尖叶肉样变

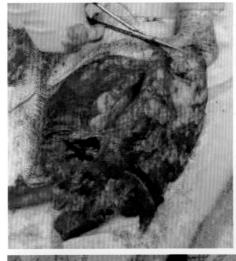

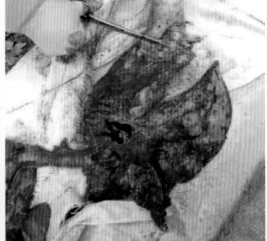

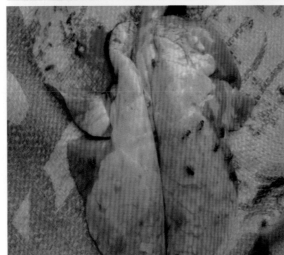

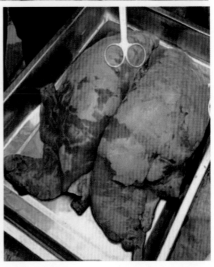

图 489　肺脏的斑驳病变，肺尖叶肉样变

第三节　猪附红细胞体病与猪瘟混合感染

混合感染是当前猪病流行的主要趋势，秋冬季节，以猪附红细胞体病为主的混合感染比较多见。2001年11月下旬至12月初，安阳县高庄乡一村庄十几个养猪专业户所养的猪相继发生以高热稽留、呼吸困难、胸腹下皮肤发红等为主要特征的传染病。根据临床症状、剖检变化、实验室诊断等诊断为猪附红细胞体病与猪瘟混合感染。通过紧急治疗，取得了较好疗效。

一、临床症状

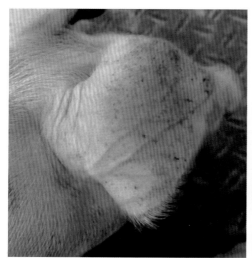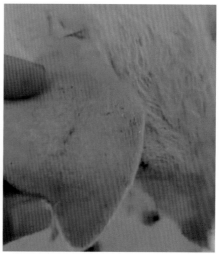

图490　耳朵点状出血、发青

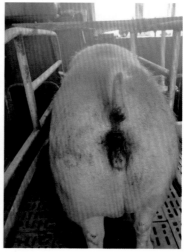

图491　体温升高、厌食，皮肤发黄，肛门周围出血点

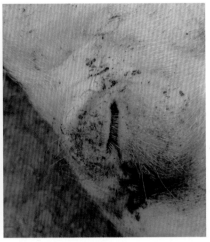

图 492　眼结膜出血，脓性分泌物

二、病理变化

图 493　皮下出血点，脾脏梗死灶

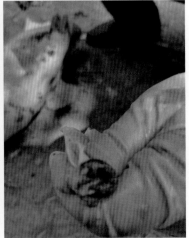

图 494　肾盂出血，颌下淋巴结出血

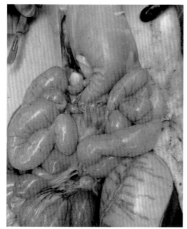

图 495　肠系膜淋巴结出血，小肠外膜出血

三、实验室检查

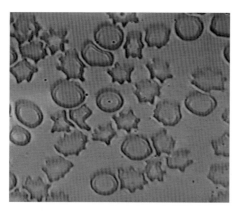

图 496　星芒状红细胞及虫体

第四节　猪附红细胞体与链球菌混合感染

附红细胞体与链球菌合并感染，情况如下。

一、临床症状

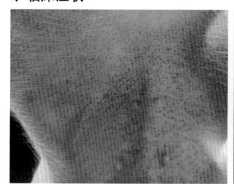

图 497　腹部皮下有瘀血点及前肢疼痛

二、病理变化

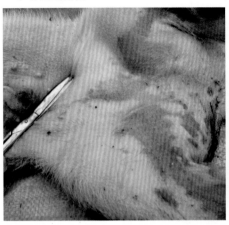
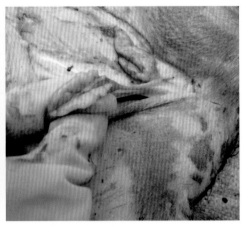

图 498　腹部皮下瘀血点，淋巴结轻度水肿

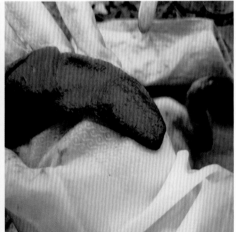

图 499　脾脏卷曲，边缘梗死

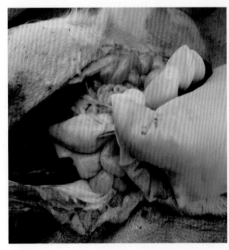

图 500　胃浆膜点状出血及膀胱黏膜点状、条带状出血

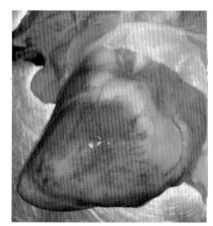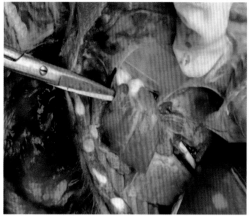

图 501　心肌、心耳出血

图 502　有肾虫痕迹

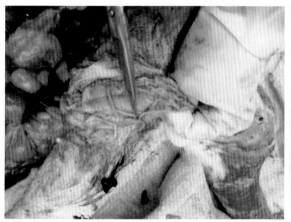

图 503　胃出血，溃疡

三、实验室检查

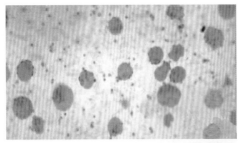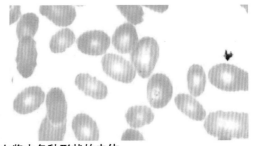

图 504　细胞表面与血浆中各种形状的虫体

四、防控措施

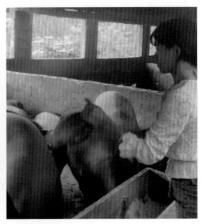

图 505　喂服南瓜，促进康复

第五节　猪霉玉米中毒继发圆环病毒感染

2005 年 8 月，一猪场有 200 头左右育肥猪发病，病猪初期体温和采食量均正常，随着时间延长，病情加重，采食量逐渐下降，部分呕吐，腹泻，精神沉郁，嗜睡，趴在地上不愿走动。体温一般在 40℃左右，个别在 41.5℃以上。病猪皮肤发白，手摸皮肤有扁平状隆起，逐渐变红、变黑。病猪生长缓慢。疑为附红细胞体及链球菌混合感染，磺胺类药物及林可霉素治疗无效。经过实验室诊断确诊为霉玉米中毒继发圆环病毒感染。

一、临床症状

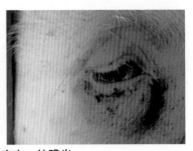

图 506　母猪背部的痂皮，结膜炎

图 507　猪吃新玉米导致腹泻及圆环病毒的腹泻＋肺炎

图 508　圆环病毒性行走不稳

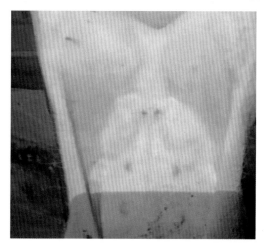
图 509　腹股沟淋巴结肿大

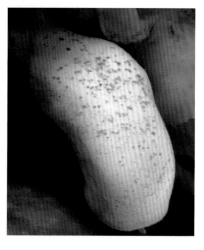
图 510　霉菌蓄积与皮炎肾病

图511 毛乱，长势慢，消瘦　　　　图512 扎堆，消瘦，腹式呼吸

二、病理变化

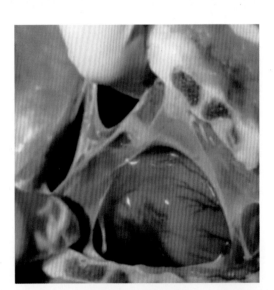

图513 心包积液

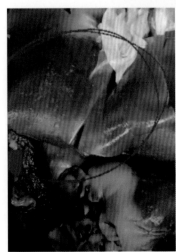
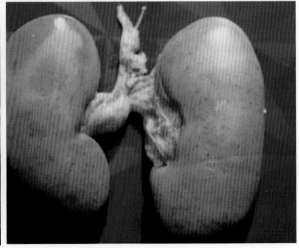

图514 肝脏发黄、质脆，肾脏土黄色、点状出血

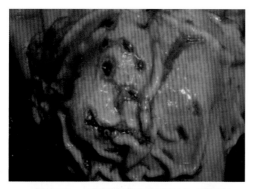
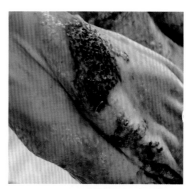

图 515　胃底黏膜弥漫性出血或溃疡　　　　图 516　胃底黏膜弥漫性胃炎

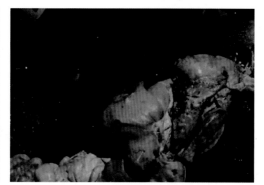

图 517　肠出血　　　　　　　　　　　　图 518　胃穿孔

第六节　蓝耳病、圆环病毒病、链球菌病、附红细胞体病混合感染

2006 年秋末，一猪场发生种母猪体温升高、全身黄疸、排茶色尿等症状，引起大批死亡，给猪场造成严重的经济损失。

一、临床症状

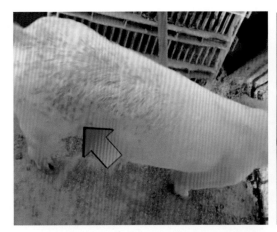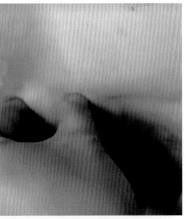

图 519　皮肤发红、发热

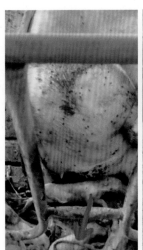

图 520　母猪产死胎脐带充血，尿血

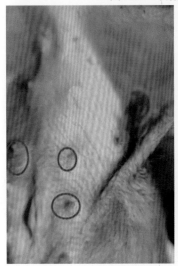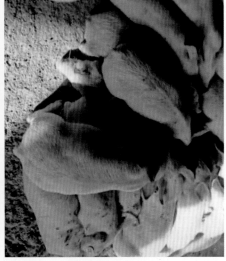

图 521　乳头发青、发热挤堆

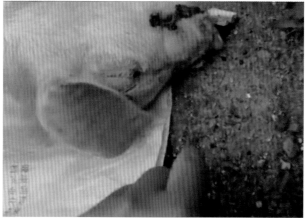

图 522 急性死亡，鼻孔流出带血泡沫

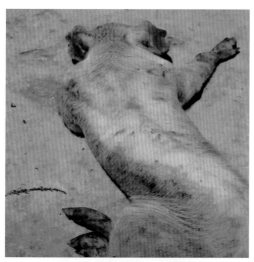

图 523 濒死期的 S 状弯曲

图 524 耳朵发紫，腹式呼吸

图 525 腹股沟喘

二、病理变化

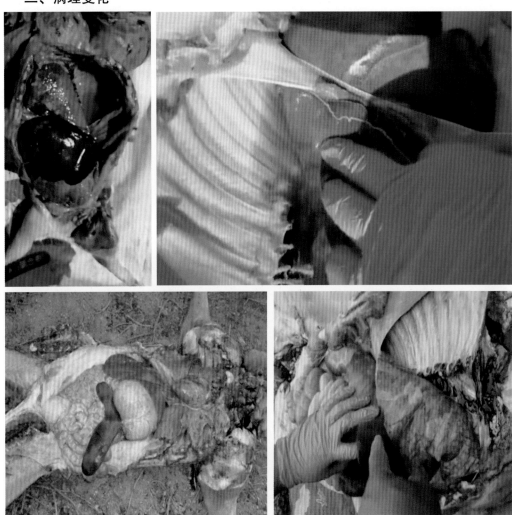

图 526 病死猪的败血症病变

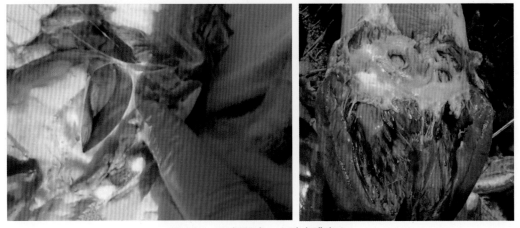

图 527 心包积液，心脏内膜出血

图 528　胆汁浓稠

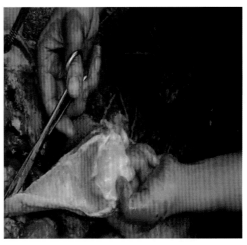
图 529　气管的泡沫样黏液

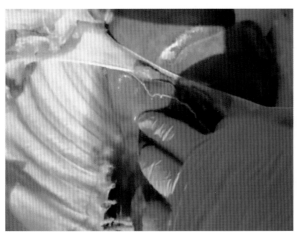
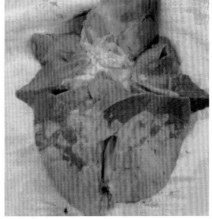
图 530　胸腔积液，肺尖叶大面积肉样变

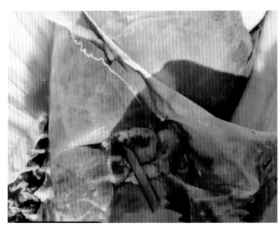
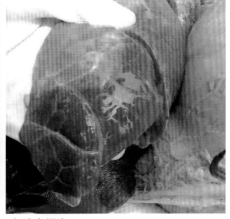
图 531　肺间质增宽，尖叶肉样变

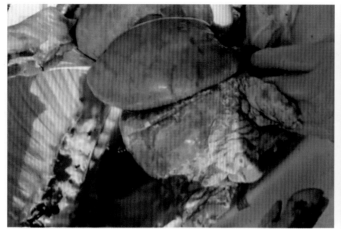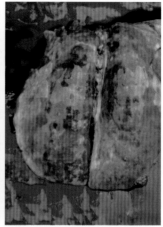

图 532　肺水肿，出血

图 533　肾水肿，出血

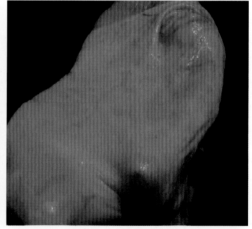

图 534　膀胱点状出血

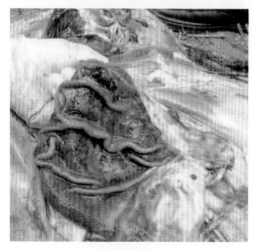

图 535　胃底弥漫性出血

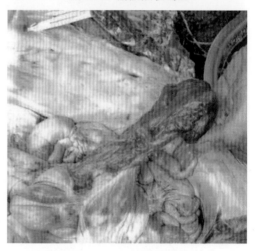

图 536　结肠黏膜出血

三、防控措施

图 537　灭蚊蝇

第七节　猪瘟、伪狂犬病及链球菌病混合感染

一规模化猪场暴发以母猪繁殖障碍为主要特征的疫情，妊娠母猪流产增多，产大量死胎和弱仔。同时仔猪出现体温升高、呕吐、腹泻和神经症状，引起大批死亡，给猪场造成了严重的经济损失。根据临床症状、剖检变化并结合实验室检验，诊断为猪瘟、伪狂犬病及猪链球菌病混合感染。

一、临床症状

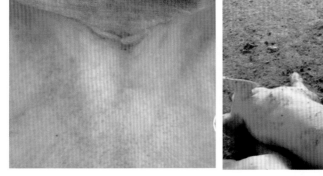

图 538　腹部的出血点及反复发热，呼吸道病难以治愈

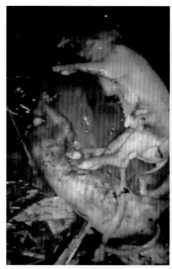

图 539　母猪流产，神经症状

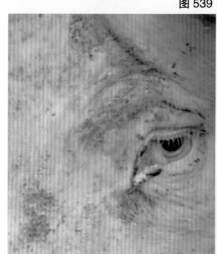

图 540　出血性眼屎，猪便秘且粪球带肠黏膜

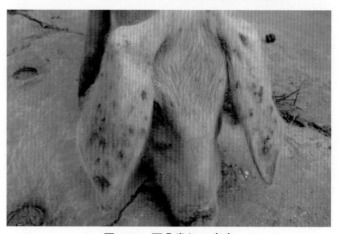

图 541　耳朵发红、瘢痕

二、病理变化

图 542　皮肤苍白，肺部点状出血

三、防控措施

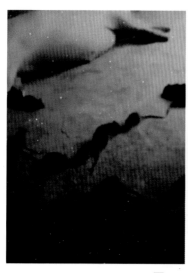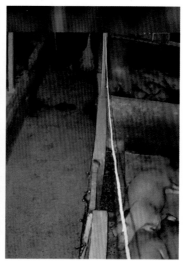

图 543　灭鼠

第八节　猪伪狂犬病、猪瘟、传染性胸膜肺炎混合感染

2018 年 12 月 10 日，安阳县一猪场发生以呼吸道症状、腹泻、眼结膜发红及死亡为主要临床特征的急性传染病。经临床调查、剖检和实验室病原学诊断，确诊为猪伪狂犬病与猪瘟、传染性胸膜肺炎混合感染。通过加强饲养管理、改善硬件设施、紧急预防接种和对症治疗，该病得到有效控制。

一、临床症状

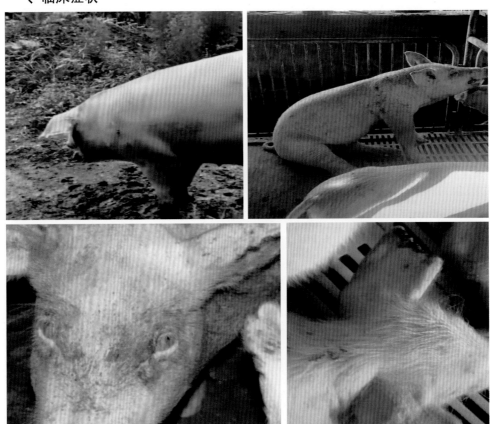

图544 张口、犬坐呼吸，眼结膜发红，耳尖干性坏疽

图545 带血的泡沫

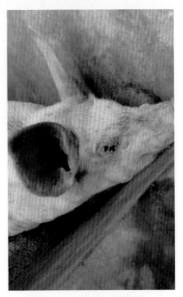

图546 嘴唇抵住墙角

图 547　鼻孔流出带血泡沫

二、病理变化

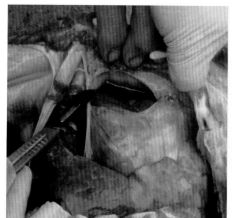
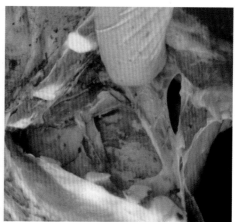

图 548　心包积液，粘连

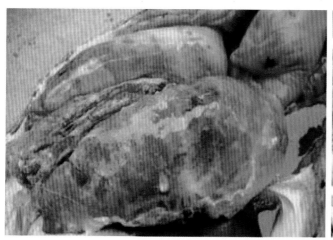
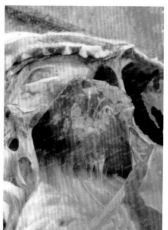

图 549　肺脏与肋骨粘连

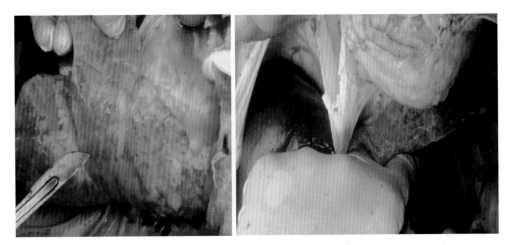

图 550　肺脏出血

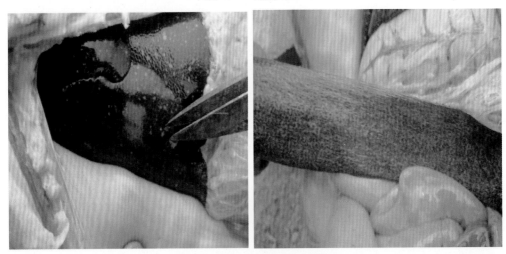

图 551　肝、脾的黄白色坏死点

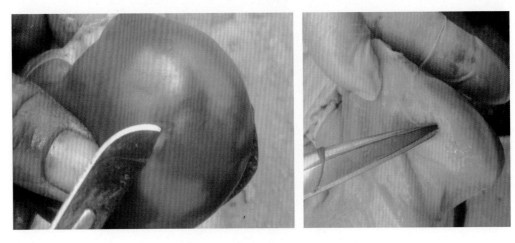

图 552　肾脏、膀胱点状出血

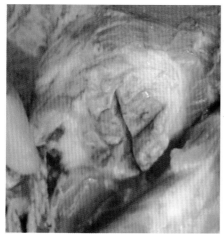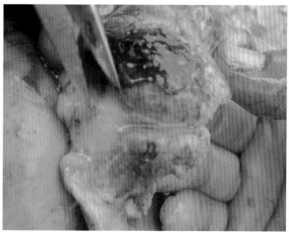

图 553　淋巴结坏死，喉头溃疡

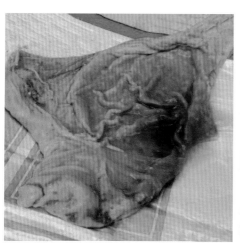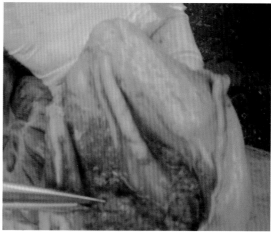

图 554　胃出血、胃溃疡

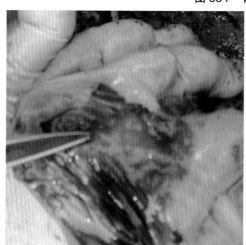

图 555　结肠、直肠淋巴滤泡坏死溃疡

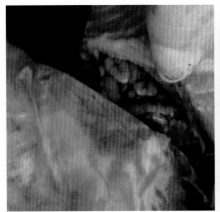

图 556　皮下、脑出血

参考文献

[1] 吴志明，刘莲芝，李桂喜．动物疫病防控知识宝典．北京：中国农业出版社，2006.

[2] 范国雄，张中直．猪病诊断图册．北京：中国农业大学出版社，1993.

[3] 芦惟本．跟芦老师学看猪病．北京：中国农业出版社，2009.

[4] 代广军，蔡雪辉，苗连叶．规模养猪高热病等流行疫病防控新技术．北京：中国农业出版社，2008.

[5] 卞桂华，朱云干，李滋睿．生猪标准化养殖主推技术．北京：中国农业科学技术出版社，2016.

[6] 闫若潜，李桂喜，孙清莲．动物疫病防控工作指南．北京：中国农业出版社，2009.

[7] 甘孟侯，杨汉春．中国猪病学．北京：中国农业出版社，2005.